NHK 趣味の園芸

12か月 栽培ナビ

レモン

三輪正幸
Miwa Masayuki

写真：レモン'ユーレカ'（撮影：三輪正幸）

撮影地：アマルフィ（イタリア） M.Miwa

12か月
栽培ナビ
Lemon

目次
Contents

本書の使い方 ……………………………………… 4

レモン栽培の基本　5

レモンはどんな植物？ …………………………… 6
生育の特徴と栽培上の注意点 …………………… 7
苗木選びのポイント ……………………………… 8
品種選びのポイント ……………………………… 10
品種図鑑 …………………………………………… 12
鉢への植えつけ …………………………………… 18
土づくり・庭への植えつけ ……………………… 20
仕立て ……………………………………………… 24

Column
すでに植えつけた後の木の土づくり …20
剪定したら収穫できなくなった？ …36
つぎ木を成功させるポイントは2つ …49
不完全花で生育状況を把握 …51
春花、夏花、秋花 …57
有葉花と直花 …57
マシン油乳剤で害虫駆除 …73
有機農業で使用できる農薬 …77

12か月栽培ナビ　25

- レモンの年間の管理・作業暦……26
- **1月** 収穫／落ち葉と枯れ枝の処分／
カイガラムシ類／芽上がり……28
- **2月** 春肥／落ち葉と枯れ枝の処分／防寒対策の解除……30
- **3月** 植えつけ／植え替え／防寒対策の解除／
剪定／とげ取り／かいよう病／コガネムシ類……32
- **4月** 植えつけ／植え替え／とげ取り／剪定／
つぎ木／タネまき／そうか病／アブラムシ類……46
- **5月** 人工授粉／アゲハ類／コナジラミ類……50
- **6月** 夏肥／夏枝の除去／環状はく皮／黒点病・軸腐病……52
- **7月** 夏枝の除去／夏花の除去／環状はく皮／摘果・袋かけ／
カミキリムシ類／ミカンハモグリガ／アザミウマ類……54
- **8月** 夏枝の除去／摘果・袋かけ／灰色かび病／
チャノホコリダニ／水分不足・高温障害……60
- **9月** 初秋肥／摘果・袋かけ／秋枝の除去／秋花の除去／
鉢への植えつけ／植え替え／すす病……62
- **10月** 収穫／果実の貯蔵／鉢への植えつけ／植え替え
秋枝の除去／秋花の除去／褐色腐敗病／カメムシ類……64
- **11月** 秋肥／収穫／果実の貯蔵／鉢への植えつけ／植え替え／
防寒対策／青(緑)かび病……68
- **12月** 収穫／落ち葉と枯れ枝の処分／
ミカンハダニ／ミカンサビダニ……72

もっとうまく育てるために　74

- 病害虫の予防・対処法……74
- 農薬に頼らずに育てる5つのコツ……76
- 写真で見分ける病気……78
- 写真で見分ける害虫……80
- 写真で見分けるその他の障害……83
- 置き場……84
- 水やり……85
- 肥料……86
- 三輪式　実つきが悪い場合の対処法……88

知っておきたいレモン雑学　90

- レモンの歴史……90
- 世界のレモンの生産状況……92
- 国内のレモンの生産状況……94

本書の使い方

ナビちゃん
毎月の栽培方法を紹介してくれる「12か月栽培ナビシリーズ」のナビゲーター。どんな植物でもうまく紹介できるか、じつは少し緊張気味。

本書はレモンの栽培にあたって、1月から12月に分けて、月ごとの作業や管理を詳しく解説しています。また、主な品種の解説や病害虫の予防・対処法などをわかりやすく紹介しています。

＊「レモン栽培の基本」

（5〜24ページ）では、レモンの特徴や栽培上の注意点、品種情報、植えつけの方法やその後の仕立て方について解説しています。

＊「12か月栽培ナビ」

（25〜73ページ）では、月ごとの主な管理と作業を、初心者でも必ず行ってほしい 基本 と、中・上級者で余裕があれば挑戦したい トライ の2段階に分けて解説しています。また、無農薬 は、農薬を散布しないか、農薬の散布回数を減らして栽培するために重要となる作業です。作業の手順は、適期の月に掲載しています。

今月の管理の要点をリストアップ

今月の作業をリストアップ

基本
初心者でも必ず行ってほしい作業

トライ
中・上級者で余裕があれば挑戦したい作業

無農薬
農薬を使わずに、もしくは減農薬で育てるためのコツとなる作業

＊「もっとうまく育てるために」

（74〜89ページ）では、置き場などの管理のほか、主な病害虫とそのほかの障害への予防・対処法、実つきが悪い場合の対処法を解説しています。

＊「知っておきたいレモン雑学」

（90〜95ページ）では、レモンの歴史や国内外の生産状況を解説しています。

- 本書は関東地方以西を基準にして説明しています。地域や気候により、生育状態や開花期、作業適期などは異なります。また、水やりや肥料の分量などはあくまで目安です。植物の状態を見て加減してください。
- 種苗法により、種苗登録された品種については譲渡・販売目的での無断増殖は禁止されています。また、品種によっては、自家用であっても譲渡や増殖が禁止されており、販売会社と契約書を交わす必要があります。栄養増殖を行う場合は事前によく確認しましょう。

撮影地：ローマ（イタリア）

レモン
栽培の基本

レモンを栽培するうえで
知っておくべき基本情報について解説します。

撮影地：アマルフィ（イタリア）

レモンはどんな植物？

分類：ミカン科カンキツ属（ミカン属）
形態：常緑高木
学名：*Citrus limon*

レモンとは

　ミカン科カンキツ属（ミカン属）の常緑高木で、強い香りや酸味が持ち味の香酸柑橘類です。

　受粉樹が不要で苗木1本でも実つきがよいので気軽に育てられ、近年、家庭で育てる果樹のなかでもトップクラスの人気があります。11〜2月ごろの防寒対策や8月ごろの摘果、3月ごろの剪定など、注意すべきポイントをしっかりと押さえれば、家庭でも鈴なりの果実を収穫できます。

生育サイクル

　春に開花して夏に果実を肥大させ、秋に黄色や橙色に色づいて、冬になると完全に着色して収穫を迎えます。着色した果実を木にずっとなりっぱなしにしても、多少は糖度が上昇して酸味が減少するものの、ミカンのように甘くなることはありません。

　生育条件によっては7月ごろ（夏花）や9月ごろ（秋花）にも開花しますが、通常は5月の花（春花）から育った果実のみが10〜1月に収穫できます。

ほかの柑橘類とはどう違うの？

ウンシュウミカン

花：白色の花が1個ずつ独立して、
　　5月にだけ咲く
とげ：無
果実：楕円形
　　　果皮は手でむける
　　　香りや酸味が弱くて
　　　甘みが強く、生食用
耐寒性：多少の降霜にも耐える

レモン

花：紫色を帯びた花が複数まとまって、
　　5月、7月、9月に咲く
とげ：大きくて多い
果実：紡錘形
　　　果皮は手でむけない
　　　香りや酸味が強く、
　　　甘みは少ないので料理用
耐寒性：霜に当たると枝葉が傷む

生育の特徴と栽培上の注意点

生育の特徴

寒さに弱い
寒さに特に弱く、霜が降りるような地域では枝葉が枯れ始めて木が傷み、翌年の生育や収穫にも影響する(70ページ参照)。酷いと枯死することも。

暑さには強い
水さえ十分にやっていれば、気温が40℃以上になっても暑さ自体で枯れることはほぼない。ただし、高温時は根の乾燥に特に注意する(61ページ参照)。

受粉樹は不要
苗木1本しか植えていなくても、開花すれば受粉・受精して結実するので、受粉樹は不要。

鉢植えがおすすめ
庭植えはもちろん、鉢植えでも栽培可能。鉢植えのほうが実つきがよく、防寒対策しやすいのでむしろおすすめ。

栽培上の注意点

防寒対策が最重要
耐寒気温は-3℃といわれるが、実際には0℃程度を下回るようなら、防寒対策(70～71ページ参照)が必要。

豊作と不作を繰り返す
果実をならせすぎて豊作になると、翌年に不作になることも。摘果(58ページ参照)すると毎年安定して収穫可能。

剪定、とげ取りも大事
大木になりやすいので毎年剪定する。とげは見つけしだい、切り取る(36～45、33ページ参照)。

病害虫の発生に注意
放任すると病害虫が多発する。袋かけや剪定、落ち葉拾いなどを徹底すれば、農薬を散布しなくても栽培できる(74～83ページ参照)。

※上記の特徴や注意点は鉢植え、庭植え共通

苗木選びのポイント

苗木を購入する時期
　鉢植えにする場合は基本的にいつ購入してもよく、大苗（実つき苗）が多く出回る8〜11月、棒苗が多く出回る2〜3月が購入のチャンスです。植えつけ適期の3月〜4月上旬や9〜11月まで、購入したポットや鉢植えは植えつけず、その状態のまま育てます。

　庭植えでは植えつけ適期の3月〜4月上旬ごろが購入の最適期です。それ以外の時期に購入した場合には、無理に植えつけず、鉢植え同様、購入したポットや鉢のまま、3月〜4月上旬まで育てます。

苗木の種類
棒苗　最も流通しているのが、1〜2年生の苗木です。1本の棒状の枝が目立つので棒苗ともいいます。鉢植え、庭植えどちらにも仕立てることができ、品種も豊富です。ポット苗のほか、専門業者の場合は素掘り苗という根の周囲の土がなく、水ゴケなどが巻かれた状態で出荷される苗木もあります。

大苗　大苗は3年生以上でたくさん枝分かれしています。果実がついた大苗は実つき苗ともいい、購入した年から収穫できます。果実がなりすぎた株を購入した場合は、翌年の収穫が激減するおそれがあります（58ページ参照）。

左：1年生の棒苗。右：2年生の棒苗。2年目に枝の先端から4本の新梢が発生した。

大苗の一種の実つき苗。果実がついている。

レモンでは、つぎ木（48ページ参照）されたつぎ木苗が売られている。

左：よい苗木。葉が多く、葉の色が濃い。
右：悪い苗木。葉に虫食いがあり色が薄い。

よい苗木とは

1. 葉が多くて緑色が濃い

なるべく葉が多く、緑色が濃い苗木がよい苗木といえます。実つき苗だと、果実の数や大きさに注目しがちですが、葉の状態が最も重要です。

2. 病害虫が発生していない

葉や枝に虫食いがある苗木はなるべく控えます。ほかにも、株元の枝に触れてぐらぐらする場合は、コガネムシ類の幼虫や水はけなどの影響で根が弱っているおそれがあるので控えます。

3. 枝分かれの位置が高すぎない

鉢植え用ならなるべく株元の低い位置から枝分かれするのがよい苗木です。高い位置で枝分かれした苗木は、低い位置での収穫量が少なく、重心が高くて鉢植えが倒れやすくなります（庭植え用だと高くても問題ない）。

4. ラベルに品種名まで明記してある

品種ごとに特徴が多様なので（12〜17ページ参照）、ラベルに「レモン」だけでなく、'リスボン'などの品種名まで明記してある苗木を選びましょう。ラベルを紛失して品種名がわからなくなると、枝葉や果実の状態から判断するのは専門家でも困難です。ラベルを保管するなどして、自分はもちろん、家族などが将来もわかる状態にします。

実つき苗。果実がついているが、葉が少ないので、あまりよい苗木とはいえない。

左：枝分かれの位置が高く、庭植えでは問題ないが、鉢植えには不向き。右：低い位置から枝分かれして、鉢植えに向く。

ラベルに品種名まで記入された苗木を選ぶことが重要。ラベルは風などで飛ばされて紛失するおそれがあるので、注意する。

品種選びのポイント

耐寒性で選ぶ

　レモン栽培で最も注意したいのが冬の寒さです。ほかの柑橘類と比較しても寒さに弱く（右図）、冬の低温によって実つきが悪くなるほか、木が枯死することさえあります。寒さに不安がある地域では、なるべく耐寒性の強い品種を選びましょう。レモンの品種ごとの具体的な耐寒気温はまだ明らかになっていませんが、12〜15ページでは筆者の経験をもとに、品種ごとの耐寒性の強弱の相対的な指標が記入してあります。あくまで目安として参考にしてください。耐寒性が特に強いのは、'璃の香'と'マイヤーレモン'です。

味で選ぶ

　レモンはブドウやリンゴなどに比べると、品種ごとの味の違いは顕著ではありませんが、それでも香りや酸味、風味は品種ごとに少しずつ異なります。定番のレモンの味は、'リスボン'、'ユーレカ'、'ビラフランカ'などで、イメージどおりの風味を楽しめます。'マイヤーレモン'や'璃の香'は酸味がマイルドで、スイートレモンや'レモネード'は甘いという特徴があります。また、'マイヤーレモン'や'璃の香'、'パキスタンレモン'などには、定番のレモンにはない特徴的な香りがあります。

柑橘類の耐寒気温

レモンは柑橘類のなかでも特に寒さに弱いので、栽培する際には特に注意が必要。

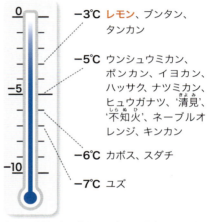

−3℃　レモン、ブンタン、タンカン
−5℃　ウンシュウミカン、ポンカン、イヨカン、ハッサク、ナツミカン、ヒュウガナツ、'清見'、'不知火'、ネーブルオレンジ、キンカン
−6℃　カボス、スダチ
−7℃　ユズ

参考：果樹農業振興基本方針（農林水産省、2015年）

'ヒメレモン'にはダイダイのような独特の苦みがあるので、生食よりは調理に向いている。

珍しさで選ぶ
　定番の品種もよいですが、せっかく自身で育てるのであれば、スーパーなどで果実を見かけない品種がおすすめです。15～17ページの品種は果実の流通量が少なく珍しいので、栽培するモチベーションが高まるはずです。

樹高で選ぶ
　レモンは総じて大木になりやすい果樹です。しかしその一方で、'ユーレカ'のように枝が横方向に伸びやすい品種は、'リスボン'などの縦方向に伸びやすい品種に比べて、木を低木で維持しやすいです（13ページ参照）。'ヒメレモン'は、枝が比較的細くて、徒長しにくい性質をもちます。

とげの多少などで選ぶ
　とげの大きさや量も品種によって異なります。管理する際に痛い思いをしたくない場合は、手袋などを着用するほか、'ビラフランカ'、'璃の香'などのとげが小さくて少ないとされる品種を育てるのもよいでしょう。

栽培の歴史が古く、多様な品種が存在する。国内での品種改良は盛んではないが、近年は家庭園芸における人気が非常に高いので、耐寒性が強くてとげが少なくタネなしで、樹高が低いなど、家庭園芸専用のレモン品種の開発が望まれる。

黄色と緑色のストライプが入る'ピンクレモネード'は、果実の流通量が少なく珍しい。

とげは見つけしだい、ハサミなどを使って切り取るとよい。

品種図鑑
～主な品種の特性～

耐寒	レモンのなかでは寒さに強い品種
新品種	2010年以降に流通し始めた品種
注目	筆者が注目している品種

　柑橘類のなかではウンシュウミカンに次いで品種が多く、多様な種類から選んで育てることができます。本書ではレモンとほかの柑橘類との交配種や由来が不明なものを含めて、家庭で入手が可能な品種を中心に紹介します。苗木の入手前に品種ごとの性質をしっかり把握して、自分の好みや生活スタイルに合ったものを選びましょう。

定番品種

レモンを代表する3品種をピックアップ。いずれも明治・大正時代に海外から導入された品種で、なかでも'リスボン'と'ユーレカ'は、歴史が古くて苗木が最も入手しやすく、国内での果実生産の主力品種となっている。

リスボン 耐寒

収穫期：10～12月	果実重：100～140g
耐寒性：やや強い	収穫量：多い
香　り：強い	酸　味：強い
と　げ：大きくて多い	四季咲き性：普通
原産地：ポルトガル	苗木入手：やさしい

　日本に導入されたのは明治36年ごろで、'ユーレカ'とともに徐々に広まっていき、現在では国産レモンを代表する品種となっている。香りや酸味が強く、料理などに使いやすい果汁が得られる。樹勢が強いことや四季咲き性（57ページ参照）が強くないこと、果実の乳頭（左下写真）のくぼみが深いことが'ユーレカ'との違いだが、よく観察しないとわかりにくい。枝の伸びが盛んでボリュームがあり、多少の寒さに遭遇しても木の内部は枯れにくいことから、耐寒性が強い品種とされる。一方、枝が縦に伸びやすいので大木になりやすく、毎年剪定して木をコンパクトに維持することが重要。とげが大きくて多いため、とげ取り（33ページ参照）も頻繁に行うとよい。
　石田系リスボン、榎本系リスボン、フロスト（ニューセラー）リスボンなど、'リスボン'のなかでも系統と呼ばれる種類がいくつか存在し、大産地ではこれらの系統の苗木が区別して流通することも。

'リスボン'（左）は乳頭のくぼみが深く、'ユーレカ'（右）は浅いことが多い。

※系統とは、ある品種から突然変異などで異なる性質をもつ個体が発生して、つぎ木などでふえて限られた産地などで広まったもの。

ユーレカ

収穫期：10〜12月	果実重：110〜130g
耐寒性：特に弱い	収穫量：多い
香り：強い	酸味：強い
とげ：大きくて多い	四季咲き性：強い
原産地：アメリカ	苗木入手：やさしい

1858年にイタリアからカリフォルニア州ロサンゼルスに持ち込まれたタネが由来とされる。'リスボン'に比べて樹勢が弱く、とげがわずかに少ない。乳頭（12ページ参照）のくぼみが浅い傾向にあり、タネが少ない。

長所は植えつけから初結実までの年数が短くて実つきがよく、四季咲き性が強くて、温暖地で木の生育がよければ10〜1月に加えて4〜7月などにも収穫できる点（57ページ参照）。樹勢が弱くて枝が横向きに伸びやすいので、大木になりにくいのもうれしい特徴。寒さに特に弱く、冬に木が弱りやすいのが短所。系統では、豊産性でとげが少なく樹勢が落ち着いたアレンユーレカが人気。クックユーレカは果実の香りや酸味が強いが、収穫量は少なくて寒さに弱い。

'ユーレカ'（左）は枝が横に伸びやすく、'リスボン'（右）は縦に伸びやすい。

ビラフランカ

収穫期：10〜12月	果実重：130g程度
耐寒性：弱い	収穫量：多い
香り：弱い	酸味：強い
とげ：小さくて極少	四季咲き性：普通
原産地：イタリア	苗木入手：普通

シチリア（イタリア）からフロリダ州を介してカリフォルニア州に伝わったとされており、日本には大正10年ごろに導入された品種。世界的にはマイナーな品種で、栽培例が少ないといわれている。ビアフランカと呼ばれる場合もある。

本品種の最大の特徴は、とげが小さくて少ない点で、管理時にとげが気になる場合には特におすすめ。とげなしレモンとして紹介されることもあるが、とげが全くないわけではないので注意。果実や樹勢、枝の伸び方などは系統にもよるが、'リスボン'と'ユーレカ'の中間程度で、植えつけから初収穫までの年数はやや遅く、四季咲き性はそれほど強くはない。

広島県では着果密度が高い優良系統として、道谷系ビラフランカが産地化されている地域もある。

とげが発生しない部位が多いのが最大の特徴。

耐寒品種

耐寒性が強い2品種を紹介。いずれもレモンとほかの柑橘類との交配種とされており、果実の品質は定番品種のそれとは若干異なります。寒さが心配な地域ではおすすめな一方で、耐寒品種とはいえ冬の防寒対策は万全にするとよいでしょう。

マイヤーレモン　耐寒　注目

収穫期：10〜12月	果実重：110〜130g
耐寒性：強い	収穫量：多い
香り：強い	酸味：弱い
とげ：小さくて多い	四季咲き性：普通
原産地：中国	苗木入手：やさしい

果皮色はレモンイエロー（上）のほか、オレンジのような橙色をした系統（下）もある。

レモンにオレンジ類もしくはミカン類などが交配して偶然発生した品種といわれ、定番品種とは果実や株の性質がまったく異なる。具体的なデータはないが、筆者の体感では'リスボン'よりも寒さに強くて多少の降霜にも耐える。果実は球形に近く、酸味はまろやかで、オレンジのように香ばしく香るのが特徴。いくつかの系統が流通していると見られ、果皮色（橙色や黄色）や果皮厚（厚薄）などに若干の違いがある。例えば菊池レモン（サイパンレモン）は、本品種の枝変わり（突然変異）といわれており、系統と考えてよさそうである。とげが小さいという性質も含めて家庭向きで、初心者にもおすすめしたい。

璃の香（りのか）　耐寒　新品種　注目

収穫期：10〜12月	果実重：200g程度
耐寒性：強い	収穫量：多い
香り：やや弱い	酸味：弱い
とげ：小さくて少ない	四季咲き性：普通
原産地：日本	苗木入手：普通

縦長の形とマイルドな酸味が特徴的なレモン。果肉の割合も高く、調理に向いている。

レモン'リスボン'にヒュウガナツ（日向夏）を交配して育成されたレモン界の期待のニューフェイス。'リスボン'よりも寒さやかいよう病に強く、とげも小さくて少ないので、栽培例や苗木の流通量が徐々に拡大する見込み。着色時期は'リスボン'よりもわずかに早く、果実は大きくて酸味はマイルド。香りは12〜13ページの定番品種よりも弱いものの、カボスやスダチのような香りがわずかに混じる。着果が多い枝は重みで折れるおそれがあるので、まとまった着果が見られる枝は摘果を重点的に。枝の伸びが旺盛で大木になりやすいため、剪定が特に重要。

耐寒　レモンのなかでは寒さに強い品種　新品種　2010年以降に流通し始めた品種　注目　筆者が注目している品種

珍品種

定番品種にはない、珍しい特徴をもった6品種を解説。栽培している生産農家が多くはなく、果実の流通が限られているため、自分で育てないと目にすることが少ない品種といえます。ぜひとも苗木を入手して育ててみましょう。

ピンクレモネード 注目

収 穫 期：10〜12月	果 実 重：120g程度
耐 寒 性：弱い	収 穫 量：普通
香　 り：普通	酸　 味：普通
と　 げ：小さくて多い	四季咲き性：普通
原 産 地：アメリカ	苗木入手：普通

葉と果皮に斑（縦縞）が入り、果肉がピンク色に色づく珍品種。20世紀初頭にアメリカで発見された'ユーレカ'の突然変異種で、現地では主に家庭園芸用の品種として出回っている。果実のサイズは中程度で、香りや酸味が定番品種に比べるとやや少ないものの、料理などに十分利用できる。若い果実は全体が緑色で、成熟とともにわずかに緑色の部分を残して色づくと、黄色と緑色のストライプ状の外観となる。完熟すると果実の緑色の縦縞はほぼ消失して全体が黄色に。斑入りの葉は観賞性も高く、ほかの品種とは明確な違いがあっておもしろいため、筆者イチオシの品種。近年、国内の苗木流通量が増加傾向にある。

黄色と緑色のストライプが珍しく、タネがやや少ないという特徴もあるため、近年人気がある。

ポンデローザ（ポンテローザ） 注目

収 穫 期：11〜1月	果 実 重：300〜800g
耐 寒 性：普通	収 穫 量：少ない
香　 り：強い	酸　 味：弱い
と　 げ：大きくて多い	四季咲き性：普通
原 産 地：アメリカ	苗木入手：難しい

とにかく大きなレモンを育てたい場合におすすめの品種で、500g以上の極大果が収穫できることも珍しくない。レモンとシトロン（最大5kg程度の柑橘類：90ページ参照）などといったほかの柑橘類との交配種と推測されている。果実が大きい分、成熟がやや遅くて完全に着色するのが1月ごろになることもある。定番のレモンとは異なり、葉や花が肉厚で丸みを帯びており、各地で庭木として露地栽培されている。ピリッとした独特な強い香りが特徴的。ジャンボレモンや大実レモンという名前で販売されていることも。

ポンデローザ（左）と定番のレモン（右）。

※系統とは、ある品種から突然変異などで異なる性質をもつ個体が発生して、つぎ木などでふえて限られた産地などで広まったもの。

珍品種

ヒメレモン

レモンと同じ紡錘形をしているが、カボスと同程度の40gくらいしかないミニレモン。ミカン類とシトロン類の交配種だと推測されている（90ページ参照）。果皮は濃い橙色で、赤レモン、紅レモン、広東レモンの別名でも呼ばれる。レモンというよりサンショウ（山椒）を思わせる香りがする。酸味は十分で、ダイダイ（橙）のような独特の苦みをあわせもつ。枝の伸びが定番品種よりも弱く、大木になりにくいのが長所。

パキスタンレモン

主に沖縄で生産されている細長いレモン。別名イスラエルレモン。主に黄緑色で収穫され、ライムのような刺激的な香りをもつ。レモンとほかの柑橘類の交配種だと推測されるが、詳細は不明。苗木の入手は難しいが、インターネットショップなどで流通することも。検疫のルールにより、沖縄県から本土への柑橘類の苗木の持ち込みには検査が必要なので注意。

スイートレモン

レモンの突然変異種とされ、もともとはアラブ諸国や地中海地域に分布していた、酸っぱくなくて、甘いレモンの総称。別名リメッタ。果実は定番品種のような紡錘形をしている。果肉は甘くて酸味をほぼ感じないため、味は淡泊。苗木は小売店などでは取り扱いが少なく、インターネットショップやカタログ販売で少量が流通している。

レモネード

スイートレモンと同様に甘いレモン。果形は紡錘形をしておらず、やや丸みを帯びている点が異なる。レモンの近縁種と考えられ、1972年にニュージーランドから静岡県伊豆地域に導入されたとされているが由来の詳細は不明。果肉は甘くてほどよい酸味があり、生で食べられる。静岡県や佐賀県などの生産農家で栽培例があり、果実や苗木が一部流通している。スイートレモネードと呼ばれる場合もある。

その他の品種

ここでは大産地の一部やインターネットショップなどで限定販売されている品種を紹介します。今回紹介する品種には、由来がよくわかっていないものや、国内では苗木がほとんど流通していないものも含みます。

ベルナ

スペインの主要品種の一つで、かつては生産量の9割を占めていたとされる。果実が縦長で豊産性の晩生品種。樹勢は強い。広島県などで少量栽培されている。

カリスティーニ

香りや酸味が豊富な品種で、原産地のギリシャでは多く生産されている。国内でも愛媛県などで少量栽培されているが、苗木の流通量は少ない。

フェミネロ・オバーレ

イタリアで生産されている主力品種の一つで、かつては全体の¾のシェアを占めたといわれている。果実は丸みを帯びて、枝が直立しやすい。国内での生産量は少なく、苗木の流通量も少ない。

ベルニア

イタリア原産の品種。果実は大きく、細長い。枝が直立しやすく、樹勢が強くなりやすいので剪定してコンパクトな樹形を保つ。国内での生産量は少なく、苗木の流通量もきわめて少ない。

レモン21

果汁量が豊富で酸味がやや少なく、結実までの年数が短いとされる品種。由来や特性などの詳細は不明。

マグレーン

原産地はギリシャ。果実肥大が早くて、10月ごろの収穫（66ページのグリーンレモン）にも向く早生品種。とげが大きくて樹勢は強い。広島県や愛媛県などで栽培されている。

ジェノバ

主にチリやアルゼンチンなどで栽培されており、果実は日本にも輸出されている。産地が主に南半球のため、国内ではレモンが品薄になる6〜10月ごろに果実が流通している。

ラフレモン

酸味が特に強く、内部が空洞化しやすいため、果実としての利用は少なく、台木（48ページ参照）としての利用が多い。ミカン類とシトロン類の交配種だと推測されている（90ページ参照）。原産地のインドでは野生化している。

イーチャンレモン

中国湖北省で発見され、昭和初期に日本に導入された品種で、静岡県などで生産されている。果実は400g程度で大きい。葉の形状からレモンよりユズやブンタンなどに近いと思われる。苗木の流通量はきわめて少ない。

シードレスあや

タネなしレモンとして流通している品種。'ビラフランカ'をもとに育成されたとされるが、由来や特性など詳細は不明。

鉢への植えつけ

適期＝3月〜4月上旬、9月下旬〜11月上旬

鉢への植えつけとは、苗木を購入してから初めてポットや鉢から株を抜いて、一〜二回り(直径6〜9cm程度)大きな鉢に植え替える作業で、本書では34ページの植え替えとは区別します。

適期は根の生育が緩慢で、寒さがゆるみ始めた3月〜4月上旬です。結実していない苗木は9〜11月も可能です。以下のものを選んで植えつけます。

鉢

素焼き鉢など素材が多彩ですが、冬越しなどで移動が多いレモンには、安価で軽いプラスチック鉢がおすすめです。家庭では鉢の直径と高さが同じの普通鉢で、8〜15号(直径24〜45cm)程度のサイズがおすすめです。

用土

庭土や畑土よりも市販の培養土が向いており、「果樹・花木用の土」や「果樹・柑橘用の土」がおすすめです。入手できなければ、野菜用の土7、鹿沼土3の割合で混ぜましょう。

鉢底石

水はけを改善して、鉢の底から用土が抜け落ちるのを防ぐために、鉢の底には必ず鉢底石を3cm程度敷きます。ただし、鉢底に切れ目が入ったスリット鉢を利用する場合は不要です。

鉢→
用土→
鉢底石→

果樹全般や柑橘の生育を考慮してブレンドされた培養土が数種類流通している。「野菜用の土」と比較して水はけを重視してブレンドされていることが多い。

鉢への植えつけの手順

用意するもの
苗木Ⓐ、鉢Ⓑ、用土Ⓒ、鉢底石Ⓓ、移植ゴテⒺ、支柱Ⓕ、ひもⒼ、剪定バサミⒽなど

1 株を抜き、根鉢を整理する
ポットから株を抜き、根鉢をほぐす。太い根があれば、ハサミで軽く切り詰めて新しい根の発生を促す。

2 鉢底石を入れる
鉢の底に鉢底石を3cm程度敷く。植え替えの際に回収しやすいように、鉢底石をネットに入れてもよい。

3 高さを調整する
用土を少し入れたのち、苗木を入れて高さを確認する。完成時につぎ木部（丸印）が埋まらないよう高さを調整。

4 用土を入れる
鉢を軽くたたくなどしながら、すき間にも入るように用土を入れる。ウォータースペース（水がたまる空間）の確保も重要。

ウォータースペースを3cm程度確保

5 枝を固定して水やりする
支柱を設置して枝をひもで固定する。棒苗の場合はつぎ木部から20〜30cm程度で切り詰める。水やりして完成。

土づくり 適期＝1〜2月
庭への植えつけ 適期＝3月〜4月上旬

土づくり

植えつける場所
　日当たりと水はけのよい場所が理想的です。水はけが悪いと根の張りも悪くなり、株が弱って実つきも悪くなるほか、大半の根が株元付近に集中して夏の乾燥に弱くなるので特に重要です。

適期
　苗木を植えつける適期は3月〜4月上旬ですが、以下の土づくり**1〜2**については、その1か月以上前の1〜2月ごろに行い、有機物や酸度が落ち着いてから苗木を植えるのが理想的です。ただし、事前に行うのが間に合わなかったり難しければ、22ページの植えつけ手順①の際に行ってもかまいません。

1. 土の掘り起こしと有機物の施用
　まずは植え穴を掘ります。今後、根が伸びる範囲の土を軟らかくするのが目的で、苗木の根が収まる最低限の広さや深さだけではなく、最低でも直径70cm、深さ50cm程度はスコップなどで掘り上げるとよいでしょう。
　掘り上げた土には、腐葉土などの土壌改良材（1袋：14〜20L程度）を混ぜ込み、さらに水はけをよくします。この際、化成肥料などを土に混ぜ込む例も散見されますが、極端にやせた土地でないかぎり、植えつけ時の化成肥料などの混ぜ込みを筆者は推奨していません。将来の骨格となる重要な枝が肥料過多で徒長（とちょう）するのを防ぐのが目的です。
　掘り上げた土に有機質を混ぜ込んだら、必要に応じて**2**の土壌酸度の測定と調整を行い、その後、植えつけ適期まで一時的に植え穴を埋め戻します。

腐葉土などの土壌改良材の量は、上記の範囲であれば1袋（14〜20L）程度とし、広さに応じて調整するとよい。

Column
すでに植えつけた後の木の土づくり

　植えつけた後の木でも土づくりができます。特に**1**の土の掘り起こしなどによって水はけがよくなり、生育の改善が見込めます。適期は3月ごろで、木が小さければ木を完全に掘り上げて、植えつけと同様の作業を行います。木が大きくて掘り出せなければ、根をなるべく避けて周囲の土を可能なかぎり掘り上げて、**1〜2**を施します。根に多少傷がついても、適期に行えば生育には影響ありません。

2. 土壌酸度の測定と調整

レモンの適正酸度はpH5.5〜6.0程度の弱酸性で、国内土壌の大半もこの範囲内のため、本作業は必須ではありません。ただし、酸度が合わなくて木が弱るケースもあるので（右写真）、植えつけ完了後のレモンの木やほかの植物の生育が悪い場合は検討しましょう。

土壌酸度の測定でおすすめなのが、酸度測定キットの使用です。土と水の混合液の上澄みに測定液を加えて、色の変わり具合で酸度を確かめる方法です。園芸用の安価な酸度計は不正確な場合もあるので注意します。測定した結果がpH5.5〜6.0から1.0以上外れていれば、以下の方法で調整します。

土壌pHを高くしたい（アルカリ性に近づけたい）場合は、苦土石灰や消石灰などを用います。反対に土壌pHを低くしたい（酸性に近づけたい）場合は、硫黄華をインターネットなどで入手して利用します。ピートモスは水はけが悪くなるので、施用を控えます。

混ぜ込んだら再度pHを測定して、5.5〜6.0になるまで施用、測定を繰り返します。これらの作業は1の有機物の施用と同時に行ってもかまいません。

1〜2が完了後、適期になったら22〜23ページの手順で植えつけます。

養分欠乏・過剰
土の酸度(pH)が低すぎると、マグネシウム欠乏が発生して葉が黄化することもある。

園芸店などで広く流通している市販の酸度測定キット。

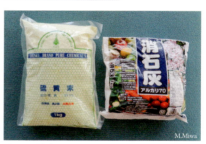

硫黄華（左）と消石灰（右）。一般に1㎡の範囲にある土のpHを1.0下げるのに必要な硫黄華の量は300g程度、pHを1.0上げるのに必要な石灰類の量は200g程度といわれている。

硫黄華や石灰類は一度に大量に施用せず、何回も施用、測定を繰り返すのが理想的。

庭への植えつけの手順

植えつけの適期
植えつけの適期は3月〜4月上旬。寒冷地では寒さで植え傷みしやすいので、4月以降になっても寒さがゆるむまで待つが、新しい枝が発生する前までには植えつける。

植え穴を掘る
あらかじめ土づくりしておいたのであれば、苗木の根鉢が入る小さな植え穴を掘る。土づくりしていなければ、20ページに準じて広い範囲の土づくりをする。

苗木の根鉢を整理する
苗木の根鉢を抜いて、太い根を軽く切り詰め、新たな根の発生を促す。

植える高さを調整する
苗木を植え穴に仮置きして、植える高さを確認する。③-2と③-3に注意しながら、苗木の根鉢の下に入れる土の量の多少で植える高さを調整する。

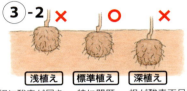

根の一部が見えるほど浅植えにすると、根が窒息しにくいが乾燥しやすくて水切れで枯れやすい。深植えにすると、水切れしにくいが、根が窒息しやすく根腐れで傷みやすい。レモンには標準植えが向く。

指をさしているのがつぎ木部。つぎ木部が土で埋まるほど深植えにすると、穂木（48ページ参照）から根が伸びて大木になりやすいので、特に注意する。

苗木の根を埋める
仮置きしていた苗木が、③-2や③-3の条件を満たしているのを確認したら、苗木を植え穴の中心に置いて、掘り起こした土を根鉢にかけて埋める。

枝を切る
3年目以降の大苗の場合は、混み合った枝を間引くほか、写真のように枝先を軽く切り詰めて新しい枝の発生を促す（36〜45ページ参照）。

支柱に枝を固定する
風などで苗木が傾くのを防ぐため、支柱を設置してひもなどで苗木の枝を固定する。必要に応じて44ページの誘引も行う。

写真のような棒苗を植えつける場合は、つぎ木部から30〜50cm程度で切り詰めると、樹高が低く維持できる開心自然形仕立て（24ページ）にしやすい。

写真のように8の字にひもを回して結ぶと、苗木がずれにくく、枝が肥大してもひもが食い込みにくくなる。固定する場所は複数にしてしっかり固定する。

水をやる
たっぷりと水をやる。土の表面が陥没するようなら、周囲から土を足して平らになるように調整する。

仕立て

　苗木を植えつけたのち、新梢が年間3回発生して徐々に木が大きくなります。その後、毎年剪定して理想的な木の形に整えます。この作業を仕立てといいます。レモンでは鉢植え、庭植え問わず、下記の2つの仕立てが向いています。

1. 開心自然形仕立て　←おすすめ！

株元付近から骨格となる太い枝を2～4本発生させ、横に広げる仕立て方。樹高がコンパクトになるのでおすすめ。植えつけ当初から計画的に仕立てる必要があり、放任樹から目指すのは難しい。

植えつけ1年目
棒苗なら、鉢植えはつぎ木部から20～30cm、庭植えは30～50cmで切り詰める。大苗は右の2～3年目からスタート。

植えつけ2～3年目
発生した枝のうち、角度や長さがよい2～4本の枝を選び、それ以外はつけ根で切る。残した枝は斜めに誘引する（44ページ）。

植えつけ4年目以降
残した枝を骨格となる枝（主枝）にし、そこから発生した枝に結実させる。あとは36～45ページの剪定に準じて枝を切る。

2. 変則主幹形仕立て

樹高が高くなったら、木の先端を切り取って縦方向への生育を抑える仕立て方。横方向も縮めるとよい。無剪定で放任してしまった木にも取り入れられる仕立て方。

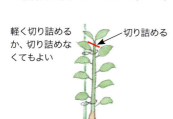

植えつけ1年目
棒苗を植えつけた場合でも、植えつけ時には軽く切り詰める程度でもよい。大苗は右の2～3年目からスタート。

植えつけ2～3年目
混み合った枝はつけ根で間引き、長い枝はその先端を1/4程度で切り詰める。木がやや縦長の形に生育しやすい。

植えつけ4年目以降
樹高が高くなってきたら、木の先端部を分岐部で切り取って、木の芯を止める。あとは36～45ページの剪定に準じて枝を切る。

12か月 栽培ナビ

主な管理と作業を月ごとにまとめました。
時期に応じた適切な管理と
ていねいな作業を心がけましょう。

萌芽から着果までのレモンの連続写真

3月 萌芽前の枝葉。

4月中旬 萌芽して春枝が発生。

5月上旬 花蕾がついた。花蕾と葉が紫色を帯びている。

5月中旬 開花した。写真は57ページの有葉花。

6月上旬 花弁が落ちて着果したばかりの果実。開花後は写真のように葉の緑色がまだ薄いことが多い。

7月上旬 ジューンドロップ（52ページ参照）で果実が減った。肥料分が十分だと写真のように緑色が濃くなる。

lemon

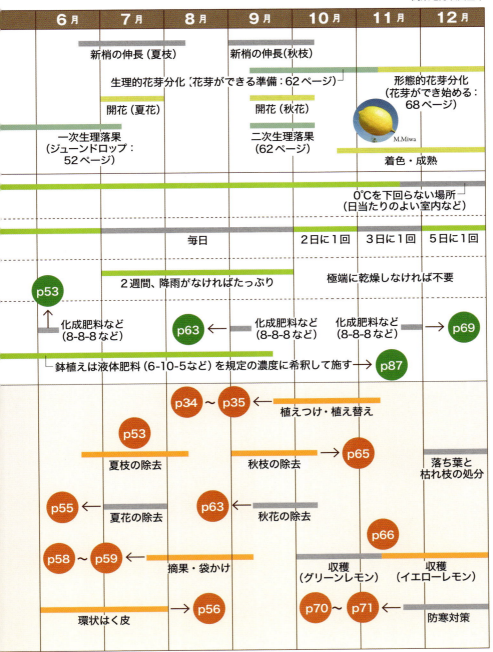

January
1月

基本	基本の作業
トライ	中級・上級者向けの作業
無農薬	無農薬・減農薬で育てるコツ

今月の管理

- ❄ 日当たりのよい室内など
- 💧 鉢植えは7日に1回、午前中に。庭植えは不要
- 🌱 鉢植え・庭植えともに不要
- 🐛 越冬病害虫の駆除

1月のレモン

　寒さが苦手なレモンにとっては厳しい冬が続きます。70〜71ページの防寒対策を徹底し、収穫は可能であれば今月中に終わらせます。

　収穫が一段落したら、越冬している病害虫を一網打尽にするため、落ち葉や枯れ枝などの病害虫の越冬場所を取り除きましょう。今月になっても緑色をした未熟な果実は、夏花や秋花の果実（57ページ参照）の可能性が高く、着色する望みが薄いので、切り取って料理の香りづけなどに利用します。

1月の風景　積雪して寒害にあった木
　寒害（70ページ）にあうと、果実にす上がり（29ページ）が発生するほか、落葉して翌年の収穫量が激減し、木が枯死することも。

管理

鉢植えの場合

❄ **置き場：日当たりのよい室内など**
　室内に取り込むなど、防寒対策（70〜71ページ参照）を施します。

💧 **水やり：7日に1回を目安に**
　7日に1回を目安になるべく気温が上昇し始める午前中に行います。

🌱 **肥料：不要**

庭植えの場合

💧 **水やり：不要**

🌱 **肥料：不要**

病害虫などの防除

🐛 **越冬病害虫の駆除**
　落ち葉や枯れ枝を処分することで、翌年以降の病害虫の発生を減らすことができます（29ページ参照）。地味で大変な作業ですが、かなりの効果が期待できます。拾い集めたらその場に放置しないで、各自治体のルールに従って処分します。

　カイガラムシ類が発生している場合は、29ページを参考に防除します。

今月の主な作業

- 基本 収穫
- トライ 落ち葉と枯れ枝の処分 [無農薬]

1月

🐛 害虫　カイガラムシ類　注意度 ●●

数種類のカイガラムシ類が発生するので、見つけしだい、歯ブラシなどでこすり取ります。発生が多ければ、12〜1月にマシン油乳剤（キング95マシンなど）を1回散布すると効果的です。散布時期が遅れると枝葉が傷むので注意。

ヤノネカイガラムシを歯ブラシでこすり取る様子。ほかにイセリアカイガラムシ（81ページ参照）などにも注意。すす病（63ページ）の原因にもなる。

🐛 その他の障害　す上がり　注意度 ●●

果肉が水分の少ないパサパサの状態になる障害で、収穫が大幅に遅れたり、収穫後の貯蔵期間が長いと発生します。樹上の果実が寒さで傷んでも発生するので、さまざまな点に注意。

収穫が遅れると発生しやすいので、可能なら12月、遅くとも1月中には収穫を終えたい。

主な作業

基本 収穫

収穫は今月中に完了したい

66ページを参照。

トライ 落ち葉と枯れ枝の処分 [無農薬]

病害虫の越冬場所を取り去る

黒点病などの病原菌やミカンハダニなどの害虫は、冬は落ち葉や枯れ枝に潜んでいるかもしれません。翌春までに地面に落ちている葉や枯れ枝はていねいに拾い集めて処分するとよいでしょう。落ちずに木に残っている枯れ枝も、3月ごろの剪定時に切り取ります。

落ち葉や枯れ枝はなるべく早く処分する。

●●● 注意度3：予防を心がけ、発生したら薬剤散布も視野に入れて対処する
●● 注意度2：なるべく対処する　● 注意度1：特に気にしなくてもよい

February 2月

基本 基本の作業
トライ 中級・上級者向けの作業
無農薬 無農薬・減農薬で育てるコツ

今月の管理

- ❄ 日当たりのよい室内など
- 💧 鉢植えは7日に1回、午前中に。庭植えは不要
- 🟩 鉢植え・庭植えともに施す
- 🐛 越冬病害虫の駆除

2月のレモン

　気温が最も下がる今月は、1年で最も多くの葉が落ちます。多少の落葉なら問題ありませんが、その数が多い場合や葉が白くなる場合は、原因が寒さの可能性があるので、70ページの防寒対策を見直しましょう。木の傷みが少なければ夏に回復しますが、実つきは翌年以降も悪くなる可能性があります。毎年のように寒さで弱るなら、鉢植えは置き場の再考や、庭植えは鉢植えへの転換（20ページ参照）などを検討します。

2月の風景　寒さに耐える木
　降霜や降雪があるような地域では、毎年のように弱るか枯死するおそれがあるので、庭植えではなく鉢植えにするのがおすすめ。

管理

🪴 鉢植えの場合

❄ **置き場：日当たりのよい室内など**
　室内に取り込むなど、防寒対策（70〜71ページ参照）を施します。

💧 **水やり：7日に1回を目安に**
　7日に1回を目安に、なるべく気温が上昇し始める午前中に行います。

🟩 **肥料：春肥を施す**
　31ページを参照。

🔼 庭植えの場合

💧 **水やり：不要**

🟩 **肥料：春肥を施す**
　31ページを参照。

🪴🔼 病害虫などの防除

🐛 **越冬病害虫の駆除**
　落ち葉や枯れ枝には病原菌や害虫が潜んでいる可能性があるので、処理が終わってなければ、必ず行います。拾い集めた落ち葉や枯れ枝は木の下にまとめて放置するのではなく、各自治体のルールに従って適切に処分します（29、45ページ参照）。

今月の主な作業

- トライ 落ち葉と枯れ枝の処分 [無農薬]
- 基本 防寒対策の解除

春肥(はるごえ)（元肥(もとごえ)）
適期＝2月下旬

4～5月に発生する新梢の生育に必要な養分を補うために、2月下旬に春肥を施します。一般に元肥というと植えつけ時に土に混ぜ込む肥料を指しますが、レモンのような果樹では、毎年の萌芽前に施す肥料も元肥と呼びます。

春肥にはチッ素、リン酸、カリウムが同程度バランスよく含まれていて、マグネシウムやカルシウムなどの微量要素も含んでいる肥料が好ましいです。また、土の物理性（ふかふか度）を改善させ、微生物の生育を活発にする働きも重要です。これらの条件を満たしていれば、どんな種類の肥料を施してもかまいませんが、一般に元肥には有機質肥料が利用されます。

有機質肥料には牛ふんなど多くの種類がありますが、本書では臭いが少なく、入手しやすい油かすの施肥量を紹介します（右表）。右表の施肥量はあくまで目安とし、長くて太い枝の発生が多ければ減らし、枝の発生量が少なかったり葉の緑色が薄ければふやすなど、生育に応じて量を調整します。

主な作業

トライ 落ち葉と枯れ枝の処分 [無農薬]
病害虫の越冬場所を取り去る
29ページを参照。

基本 防寒対策の解除
寒冷紗(かんれいしゃ)被覆などを外し置き場を戻す

2月下旬～3月下旬に寒さがゆるんだら、70～71ページの寒冷紗被覆などを解除します。鉢植えは戸外の日当たりのよい場所などに移動させます。

寒冷紗を巻いていたら、外して日光によく当てる。鉢を二重にしていた場合は左写真のように外す。

春肥の施肥量の目安（油かす*1 を施す場合）

	鉢や木の大きさ		施肥量*2
鉢植え	鉢の大きさ（号数*3）	8号	60g
		10号	90g
		15号	180g
庭植え	樹冠直径*4	1m 未満	240g
		2m	960g
		4m	4000g

*1：ほかの有機質肥料が混ざっていればなおよい
*2：一握り30g、一つまみ3gを目安に
*3：8号は直径24cm、10号は直径30cm、15号は直径45cm
*4：87ページ参照

March 3月

今月の管理
- 日当たりや風通しのよい戸外
- 鉢植えは3日に1回たっぷり。庭植えは不要
- 鉢植え・庭植えともに不要
- かいよう病予防とコガネムシ駆除

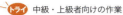

基本	基本の作業
トライ	中級・上級者向けの作業
無農薬	無農薬・減農薬で育てるコツ

3月のレモン

寒さがゆるみ始めた下旬ごろには萌芽することもあるので、なるべく早めに植えつけや植え替え、剪定、土づくり（20ページ参照）などの作業に取りかかります。特に剪定は重要な作業なので、毎年必ず行います。

70〜71ページの防寒対策を施していた場合は、気温の低下に注意しながら、鉢植えを日当たりのよい戸外に移動させたり、寒冷紗被覆や二重鉢を外したりして防寒を解除し、十分に日光に当てて株の回復を促します。

3月の風景　萌芽したばかりの新梢
早ければ下旬ごろに萌芽することもある。発生したばかりの新梢は紫色を帯びる。

管理

鉢植えの場合

置き場：日当たりや風通しのよい戸外
防寒対策を解除します。鉢植えは戸外に出して日光によく当てます。

水やり：3日に1回を目安に
3日に1回を目安に、鉢底から水が流れ出るまでたっぷり与えます。

肥料：不要

庭植えの場合

水やり：不要
肥料：不要

病害虫などの防除

コガネムシ類の駆除とかいよう病予防

コガネムシ類の幼虫が土の中にいると、根をかじられ木が弱ることがあります。鉢植えの植え替え時期の今月が、幼虫駆除の適期です。

かいよう病が毎年のように発生して困る場合は、今月が予防のための薬剤散布の適期です。斑点が発生する6月ごろでは遅いので、早めに予防します。

今月の主な作業

- 基本 植えつけ
- 基本 植え替え [無農薬]
- 基本 防寒対策の解除
- 基本 剪定 [無農薬]
- 基本 とげ取り [無農薬]

3月

病気 かいよう病 注意度★★★

枝葉や果実にコルク状の斑点が発生します。病原細菌はとげなどでついた傷口や気孔から侵入するので、とげ取りが重要です。下写真の症状は6月ごろから現れるものの、感染が開始するのは3月ごろなので早めの予防が必要です。

落ち葉や枯れ枝の処分、剪定での枝の間引き、とげ取りなどのほか、3月にサンボルドー（77ページ参照）などを散布すると効果的。

害虫 コガネムシ類 注意度★★★

幼虫は土の中で根を食べ、成虫は葉を食べます。根の量が多い庭植えは特に問題ないですが、少ない鉢植えは幼虫に注意します。3月の植え替え時に根鉢の表面にいる幼虫を手で取ります。

街灯などの照明が周囲にあると大発生しやすい。
鉢植えで幼虫が多発する場合は、木が枯死することもあるので、植え替えを毎年行って駆除する。

主な作業

基本 植えつけ、植え替え [無農薬]
萌芽する前に作業を終える
18、34ページを参照。

基本 防寒対策の解除
寒冷紗被覆などを外し置き場を戻す
31ページを参照。

基本 剪定 [無農薬]
大木にならないよう毎年少しずつ切る
36ページを参照。

基本 とげ取り [無農薬]
とげは見つけしだい、切り取る

とげは管理するうえで危険なほか、果実や枝葉に傷がつき（下写真）、その傷が病原細菌の侵入口にもなります。とげがなくなってもレモンの生育には影響がないので、ハサミで切り取ります。3月ごろの剪定時のほか（44ページ参照）、いつ切っても大丈夫です。

とげがあると果実などに傷がつくので（下写真）、ハサミで根元から切り取る。とげは若木のうちに特に発生しやすく、太くて長い枝（徒長枝）や木の内部にも多い。

基本 鉢の植え替え 無農薬

適期＝3月～4月上旬、9月下旬～11月上旬

植え替えのタイミング

苗木を植えつけてから何年かたつと、鉢の中が古い根でいっぱいになります。根が伸びる余地がなくなって新しい根が発生しなくなると、いくら水やりや施肥をしても吸収できず、枝葉の伸びが悪くなったり、葉の色が薄くなって株全体が弱ります（根詰まり）。

根詰まりを防ぐには2～3年に1回を目安に植え替えます。ただし、右写真のような状態は株が傷む一歩手前だといえるので、どちらかに当てはまれば、植え替え後の年数にかかわらず、適期の3～4月や9～11月（結実している鉢は控える）に植え替えます。方法は以下の❹～❽に大別できます。

植え替えの方法 ❹ （鉢増し）
一回り大きな鉢に植え替える方法

鉢植え栽培をスタートして数年以内の若い株を一回り大きな鉢に植え替えて拡大させる場合は、18～19ページの植えつけと同様の方法で植え替えます。この作業を鉢増しといいます。

植え替えの2つのサイン

1.
水がしみ込みにくい
水やりをしても水が1分以上しみ込まない場合は、根詰まりしている可能性が高い。

2.
鉢底から根が出ている
根詰まりしているため、水や酸素を求めて根が鉢外に飛び出ている可能性が高い。

植え替えの方法 ❽
同じ鉢に植え替える方法

左の方法❹では植え替えるたびに鉢が大きくなり、いつかは鉢のサイズの限界が訪れます。とはいえ、植え替えをしないで放置すると根詰まりして株が弱るので、鉢を大きくしたくないサイズになったら、鉢から株を抜いて、根鉢を一回り切り詰めてから、同じ鉢に植え替えます（35ページ参照）。

①株を抜く
②一回り大きい鉢に植えつける（鉢増し）

植え替えの方法❹の概要（18～19ページ参照）。

①株を抜く
②根鉢を切り詰める
③同じ鉢に再び植えつける

植え替えの方法❽の概要（35ページ参照）。

基本 基本の作業　トライ 中級・上級者向けの作業　無農薬 無農薬・減農薬で育てるコツ

植え替えの方法 B　同じ鉢に植え替える方法

　以下の①〜⑤の手順によって、鉢のサイズを大きくしないで同じ鉢に植え替えることができます。根を一回り切り詰めるので、株が傷まないか不安になりますが、適期（3〜4月、9〜11月）に行えば弱ることはなく、むしろ植え替え後の生育が向上します。ただし、結実している株は養分を盛んに吸っている可能性があり、根を切ると弱るおそれがあるので、9〜11月ではなく3〜4月に植え替えたほうが無難です。

周囲の根鉢を切る
株を起こし、根鉢の側面の周囲も3cm程度、ノコギリを使って何回かに分けて切る。33ページのコガネムシ類の幼虫がいないか確認し、いたら取り除く。

株を鉢から抜く
株を横に倒し、鉢から抜く。根詰まりしている株は抜けにくいので、鉢底から飛び出ている根を切ったり、鉢をたたいて振動を加えると抜けやすい。

用土を少し入れて植える高さを調整する
今まで使っていた鉢に新しい鉢底石と用土（18ページ参照）を少し敷き詰め、19ページ③〜④の手順で株を植え戻す。ウォータースペースの確保も重要。

根鉢の底を切る
可能なかぎり鉢底石を取り除いたあとに、ノコギリを使って根鉢の底の部分の古い根を古い用土ごと、3cm程度切り詰める。

ウォータースペースを3cm程度確保

水をやったら完成
水をたっぷりやる。水やりして用土が陥没するようなら、用土を追加する。3〜4月に植え替えたのであれば、植え替え後に剪定する（36〜45ページ参照）。

基本 剪定 [無農薬]　適期＝3月〜4月上旬

剪定の目的
剪定することで大木になるのを防ぎ、収穫などの作業がしやすい高さの木に仕立てることができます。また、枝葉が混み合わないように間引くことで、日当たりや風通しをよくして病害虫の発生を抑えることができます。加えて、枝を切ることで新しい枝の発生が促されて木が若返り、いつまでも収穫を楽しむことができます。

適期
樹液が盛んに流れる時期に切ると、切り口がふさがりにくくなり、枝が枯れ込んでしまうおそれがあります。また、寒い時期に剪定すると、人間でいうと上着を脱がされた状態になり、寒さで傷みやすくなります。剪定の適期は、枝葉の生育が緩慢で寒さがゆるみ始めた3月〜4月上旬です。萌芽前には終わらせます。

Column

剪定したら収穫できなくなった？

間違った方法で剪定すると、その後の実つきが極端に悪くなることがあります。以下の失敗に注意しましょう。

失敗1　バッサリと切った
38〜41ページのステップ1〜2の剪定で切り取る枝の数が多すぎると、木の勢い（樹勢）が乱れて翌年に徒長枝が大発生し、数年間は収穫できなくなることがあります。

失敗2　先端を切り詰めすぎた
42ページのステップ3で、先端を切り詰めた枝には結実しないことが多く、すべての枝先を切り詰めると収穫量が激減します。そのため、先端を切り詰めるのは、長い枝だけに限定するとよいでしょう。ただし、充実した春枝は、切り詰めても結実します。

バッサリと切ると → 徒長枝が大発生して樹勢が乱れ、収穫量が激減する

切り取る枝が多すぎると収穫量が激減。

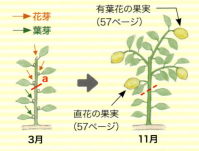

→ 花芽
→ 葉芽

有葉花の果実（57ページ）
直花の果実（57ページ）

3月　11月

剪定時に**a**の位置で切り詰めると、収穫できない。充実した春枝には枝の基部付近まで花芽がつくこともあるが、花芽と葉芽は外見では区別がつかない。

36　 基本 基本の作業　トライ 中級・上級者向けの作業　[無農薬] 無農薬・減農薬栽培のコツ

剪定は3ステップで

剪定の際にどこから手をつけてよいか悩んでしまう場合は、ステップ1〜3に分けて考えましょう。まずはステップ1から取りかかります。理解しやすく分けて解説しているだけなので、手の届く範囲でステップ1〜3を一度に行ってもかまいません。

ステップ1　38〜39ページ
木の広がりを抑える

木の大きさを現状維持もしくは縮小する場合は、まずは何本かの枝をまとめて切り取ります。分岐部で切り残しがないように切ることが重要です。木を拡大させる場合にはステップ2からスタートします。

- 横方向の広がりを抑える
- 縦方向の広がりを抑える
- 横方向の広がりを抑える

切り戻すことで枝の数が減って貯蔵養分も減るので、木の勢い（樹勢）を弱める効果がある。樹勢が強すぎる木には効果的な切り方。

ステップ2　40〜41ページ
不要な枝を間引く

次に徒長枝や交差枝、夏枝・秋枝、枯れ枝などの不要な枝をつけ根で切り取って、日当たりや風通しをよくします。ステップ1と2を終えて切り取る枝の数の目安は、合計1〜4割程度です。

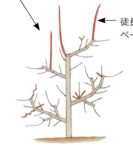

この木の場合　ステップ1〜2で
- 切り取った枝の数　24本→約4割
- 残った枝の数　36本→約6割

徒長枝などの不要な枝（41ページ参照）を切り取る

ステップ1と同様に樹勢を弱める効果がある切り方。樹勢が強すぎる木には有効だが、弱っている木では切りすぎに注意する。

ステップ3　42〜43ページ
残った枝の先端を切り詰める

最後にステップ1〜2で残った枝のうち、長い枝だけを選び、先端を¼程度切り詰めて新梢の発生を促します。切り詰める枝の数が多いと収穫量が激減し、少ないと木が若返らず徐々に実つきが悪くなります。

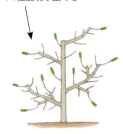

長い枝だけ先端を¼程度切り詰める

枝を切り詰めることで樹勢を強くする効果がある。充実した枝を発生させたい場所や若返らせたい場所、樹勢が弱っている木には効果的な切り方。

※上のイラストでは、枝が判別しやすいように葉を省略しています

| 基本 剪定 [無農薬] |

ステップ1

木の広がりを抑える

　木の高さや横への広がりを抑えることを目的として、木の外周部の何本かの枝を分岐部でまとめて切り取ります。樹高や結実位置が昔の位置まで戻るので、切り戻し剪定と呼ばれます。主にノコギリを使用します。

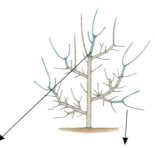

木が大きくなってきたら、木の外周部の枝を分岐部でまとめて切り取る。

縦方向の広がりを抑えるため、何本かの枝を分岐部で切り取る。木の先端付近の何本かの枝を切り取ることを「芯を抜く」と表現することもある。切り残しがないように黄線で切る。

横方向（上写真）についても、何本かの枝を分岐部で切り取って広がりを抑えることができる。この切り方によって、木を縮小しつつ収穫量も確保することができる。

▶ 木をコンパクトにするなら、ステップ1の切り方が効果的

　40〜43ページのステップ2〜3の切り方では、間引いたり（右図のb）、充実した枝を発生させる（右図のc）ことはできますが、木をコンパクトにすることはできません。一方、ステップ1の切り方（右図のa）によって、結実させながら木をコンパクトにすることができます。

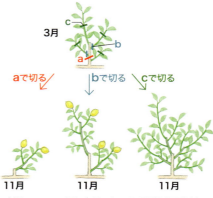

上記のa〜cの切り方はそれぞれ長所と短所があるので、剪定ではすべてを組み合わせるとよい。

▶ 切り残すと枯れ込んで木が弱る

ステップ1で切り残しがあると、残した部分に養水分が通わず、癒合剤（45ページ参照）を塗ったとしても徐々に枯れていきます（写真❶）。そして切り残した部分よりも基部の側に枯れ込みが入り（写真❷）、正常な枝まで弱って（写真❸）枯れることもあります。

適切な位置で切ると、人間の皮膚でいえば、かさぶたのような組織（カルス：右上写真）が形成され、切り口がしっかりとふさがります。ステップ1では、切り残しがないように分岐部ぎりぎりで切ることが重要です。

❶ 切り残した部分は枯れる
❷ 徐々に枯れ込みが入る
❸ 正常な枝まで弱る

▶ 1年で切りすぎず、複数年計画で

木は地下部（根）と地上部（幹や枝）とのバランスを維持しながら生育しています。そのため、剪定によって枝だけを大量に切り取ると、バランスをとるために翌春に大量の徒長枝を発生させます。徒長枝には果実が数年間つかないので（42ページ参照）、枝をバッサリ切ると数年間は実つきが悪くなることが多いです（36ページの 失敗1 を参照）。木をコンパクトにしつつ、収穫量を確保したい場合は、早くても3年程度、可能であれば5年以上かけて、少しずつじっくりと木を縮小させましょう。

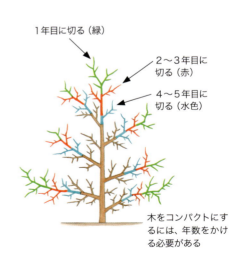

1年目に切る（緑）
2〜3年目に切る（赤）
4〜5年目に切る（水色）
木をコンパクトにするには、年数をかける必要がある

※上のイラストでは、枝が判別しやすいように葉を省略しています

基本 剪定 [無農薬]

この木の場合
ステップ1〜2で { 切り取った枝の数　24本→約4割
　　　　　　　　　残った枝の数　　36本→約6割 }

不要な枝を間引く

次に不要な枝をつけ根で間引いてさらに枝の数を減らします（間引き剪定）。ステップ2では木の内部の枝も間引きます。ステップ1〜2の合計で1〜4割程度の数の枝を減らすのが目標で、減らしすぎには注意します。

不要な枝を間引いて日当たりや風通しをよくする。

▶ 1〜4割程度の枝を切り取る

カキやブドウなどの落葉果樹は枝の発生量が多いので、剪定時に全体数の4〜7割程度の枝を切り取ります。下から木を見上げると青空が完全に見えてスカスカになるほどです。一方、レモンは常緑果樹で枝の発生量が落葉果樹ほど多くないので、ステップ1〜2を合計して枝の数（体積ではない）の1〜4割程度を目安に、41ページの不要な枝を優先して減らします。樹勢が強い木は4割、弱い木は1割という具合に生育状況によって切り取る量を調整します。なお、1〜4割はあくまで目安で、木を拡大させたい幼木や、寒害などによってすでに枝葉が少ない場合は、枝の間引きを1割未満にとどめ、枝の切り詰め（ステップ3）を重点的に行います。

剪定前
枝葉が盛んに発生して、樹勢が強めの鉢植え。

ステップ1〜2の剪定後
切り戻し剪定や間引き剪定を行って、約4割の枝を切り取った。

40　基本 基本の作業　トライ 中級・上級者向けの作業　無農薬 無農薬・減農薬栽培のコツ

▶ 剪定で切り落とす不要な枝

　代表的な不要な枝は下記（→）のとおりです。これらの枝を残しておくと木を管理するうえで不都合なので、優先的に間引きます。なかでも樹勢を乱す徒長枝や病気の発生源となる枯れ枝は、特に優先して間引くとよいでしょう。下記のほかに下向きに伸びる逆さ枝や太い幹から発生する胴吹き枝なども不要です。

徒長枝
特に長くて太い枝のことで、1m以上のものが多い。養分を無駄に消費し、花芽がつきにくくて結実せず、樹形を乱すのでつけ根で切り取る。

夏枝・秋枝（53、65ページ参照）
7月ごろ（夏枝）や9月ごろ（秋枝）に発生した枝。剪定時にこれらの枝を見分けるのは難しいが、夏枝は徒長しやすく、秋枝は貧弱な枝であることが多い。

葉がついていない枝
葉がほとんどついていない枝は、周囲に有望な枝があれば優先的につけ根で切り取る。周囲に枝がなければ、ステップ3で切り詰めて利用する。

交差枝
周囲の枝と交差する枝のこと。風でこすれて傷の原因になるのでどちらかを切り取る。

枯れ枝
病原菌が潜んでいる可能性があるので見つけしだい、切り取る。軽く曲げただけで折れるので、生きている枝と見分けやすい。

車枝
車輪の輻のように何本もの枝が発生していれば、1か所で1～3本程度になるまで間引く。

基本 剪定 無農薬

残った枝の先端を切り詰める

最後に残った枝のうち、長い枝だけを選んでハサミで切り詰めます（切り返し剪定）。翌シーズンに結実させたい枝は切り詰めず、充実した新梢を発生させたい枝は切り詰めるといった具合に、メリハリをつけます。

切り詰める際に先端になる芽の向きも重要。翌シーズンに新梢があると便利な向きの芽が先端になるように切り詰めるとよい。

▶ 結果習性　どこに果実がつく？

花芽とは花のもとのことで、レモンには有葉花（57ページ参照）が発生する混合花芽と直花が発生する純正花芽、そして枝葉だけが発生する葉芽の3種類の芽がつきます。この3つは外見で区別することができません。花芽（混合花芽と純正花芽）は、3月の剪定時には枝の先端付近についていることが多く、剪定時に枝を深く切り詰めると花芽がなくなり、葉芽だけになって花や果実がつきません（下図の3月）。そのためステップ3では、36ページの 失敗2 のようにすべての枝先を切り詰めるのではなく、長い枝だけ選んで先端を¼程度切り詰めるのがポイントです（43ページ参照）。例外として、充実した春枝や伸びてから2年以上経過した枝には、枝のつけ根付近にも花芽がつくことがあり、枝を深く切り詰めてもある程度は結実します。なお、1m以上の徒長枝や前シーズンに果実がなった枝（果梗枝）には、先端であっても花芽はほとんどつかず、結実量もきわめて少ないです。

レモンの結果習性

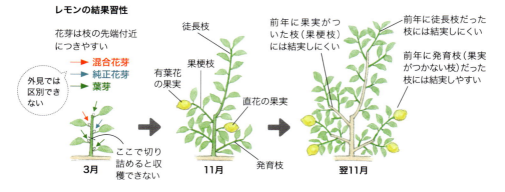

42　基本 基本の作業　トライ 中級・上級者向けの作業　無農薬 無農薬・減農薬栽培のコツ

▶ 枝の先端をまったく切り詰めないのも問題あり

剪定時に切り詰めた枝には結実しない可能性が高いと聞くと、「花芽がなくなるのは避けたいので、レモンの枝の先端をまったく切り詰めないほうがよい」と思いがちです。

しかし、枝の先端を切り詰めないと翌春に充実した新梢が発生せず、木が若返りません。枝を切り詰めないと、枝が細くなって年を経るごとに果実のサイズや品質、実つきが悪くなり、果実の重みや風で枝が折れやすくなります。そのため、枝の切り詰めは重要です。

剪定で切り詰めなかった枝の1年後の様子。枝がない範囲が広く、スペースが無駄になるデメリットも。

▶ 長い枝などを選び、枝先を 1/4 程度切り詰める

以上のように、枝の先端を切り詰めるメリットは大きいので、今年伸びた部分が 30～60cm 程度の長い枝（徒長枝はつけ根で切る）だけを選んで、先端を 1/4 程度切り詰めます。短い枝は切り詰めずに収穫用の枝として残します。他方、鉢植えや無剪定で放任した木では 30cm 以上の長い枝が少ないので、全体の 30％程度の数だけなるべく長い枝を選び、その先端を切り詰めて、充実した枝の発生を促します。

今年伸びた部分の1/4程度を切り詰める。

▶ 寒害などで葉が落ちた枝は 生きている部分で切り詰める

41ページで解説したように、寒害などで葉が落ちた枝は、不要な枝としてステップ2で優先的に切り取ります。しかし、周囲に正常な枝が少ない状態であれば、ステップ2ではすべて切り取らずに混み合わない程度に残し、ステップ3で枝先を1/3程度切り詰めて萌芽を促します。枝が茶色になっている枝は枯れているので、つけ根で切り取り、緑色の生きた枝だけ残します。

葉がなくなった枝は、つけ根で間引くのが基本。ただし、周囲に枝がない場合は切り詰める。

| 基本 剪定 | 無農薬 |

剪定後の作業

❶ とげを切り取る

とげがあると危険なうえ、果実や枝葉に傷をつける原因となるので、33ページを参考にして切り取ります。剪定後にまとめてやってもよいですが、ステップ1〜3の作業中に見つけしだい切ることで手間が省けておすすめです。

❷ 上向きの枝を誘引する

上向きの枝からは徒長枝が発生しやすく、こうした枝が多いと大木になります。上向きの枝が斜め〜横向きになるように、ひもで下方向に引っ張る作業を誘引といいます（24ページの❶参照）。コンパクトな木に仕立てるためには、将来骨格となる枝のうち、上向きのものは、なるべく誘引しましょう。

誘引では、まずは誘引用のひもを固定する場所を確保します。鉢植えは鉢の縁にひもを回すと、その回したひもに誘引するためのひもをひっかけることができます（写真A）。庭植えは地面に杭を打つなどします（写真B）。

次に、誘引用のひもをひっかけて、上向きの枝が斜め45度程度の角度になるよう、下方向に引っ張ります（写真C）。枝が水平（幹に対し90度）になるまで引っ張ると先端の枝が発生しにくくなり、樹勢が弱ることもあるので引っ張りすぎには注意します。

鉢植えは鉢の縁にひもを巻いて、まずは誘引ひもをひっかける場所をつくる。

庭植えなら地面に杭などを打ち込み、誘引のためのひもをひっかける。周囲の太い枝にひっかけてもよい。

ひもを使って上向きの枝を斜めに誘引する。

❸ 切り口に癒合剤を塗る

剪定が完了したら、市販の癒合剤を切り口の断面に塗ります。切り口がふさがるのを助ける役目があります。殺菌剤が含まれている癒合剤（商品名：トップジンMペースト）を利用すると、幹腐病の病原菌の侵入についても防ぐことができます。直径1cm以上の傷を目安に、ていねいに塗ります。

癒合剤は写真のようなチューブ型のほか、刷毛で塗る大容量型（左上）もある。

❹ 剪定枝を処分する

剪定時に切り取って木の下に落ちている枝（剪定枝）は、そのままにしておくと病害虫の越冬、発生源になります。残さず拾い集めましょう。落ち葉や枯れ枝も同様です（29ページ参照）。集めた剪定枝などは、居住地の各自治体のルールに従ってゴミとして出すか、なるべく細かく切って果樹がまわりにない敷地内の地中に埋めます。48ページで紹介するつぎ木の穂木として活用する場合は、ポリ袋に入れて冷蔵庫の野菜室で保存します。

剪定枝などを木の近くに放置しておくと、病害虫の発生源となる可能性があるので、ゴミとして出すなど適切な方法で処分する。

❺ 最後に……とにかく、まずは切ってみよう

剪定が初めての場合は、本書の説明がよくわからない部分もあるかもしれませんが、まずは切ってみましょう。経験してみて初めて意味が理解できる内容も多いと思います。切った部分の翌シーズンの経過を観察することが上達の近道です。

April
4月

今月の管理

- ❄ 日当たりや風通しのよい戸外
- 💧 鉢植えは2日に1回たっぷり。庭植えは不要
- 🎲 鉢植え・庭植えともに不要
- 🧴 そうか病予防と害虫予防駆除

基本 基本の作業
トライ 中級・上級者向けの作業
無農薬 無農薬・減農薬で育てるコツ

4月のレモン

　気温が上昇して本格的な春が到来すると、新梢（若い枝葉）が発生して、その先端には紫色の花蕾（花の蕾）がつきます。この時期に発生する新梢は春枝と呼ばれ、この枝に果実がついて秋に収穫できるので、そのほかの時期に発生する夏枝（7月ごろ：54ページ参照）や秋枝（9月ごろ：62ページ参照）よりも重要な新梢といえます。

　暖かくなると病害虫の発生も増加するので、発生初期に対処して手遅れになるのを防ぎます。

4月の風景　花蕾が展開した新梢
　レモンは花蕾が紫色をしているのが特徴。写真は有葉花で、新梢に葉をもつ（57ページ参照）。

管理

🪴 鉢植えの場合

❄ **置き場：日当たりや風通しのよい戸外**
　日光によく当てます。遅霜（おそじも）が予想される場合には、事前に対処します。

💧 **水やり：2日に1回たっぷり**
　2日に1回を目安に、鉢底から水が流れ出るほどたっぷり与えます。

🎲 **肥料：不要**

🌱 庭植えの場合

💧 **水やり：不要**
🎲 **肥料：不要**

🪴🌱 病害虫などの防除

🧴 **そうか病予防とアブラムシ類などの駆除**

　落ち葉拾いなどをしてもそうか病が多発する場合は、サンボルドー（77ページ参照）などの殺菌剤を今月と6月に予防散布すると効果的です。

　アブラムシ類、アゲハ類やコナジラミ類、アザミウマ類、カメムシ類などが多発する場合には、今月にベニカ水溶剤を散布すると同時防除（75ページ参照）ができます。

今月の主な作業

- 基本 植えつけ、植え替え [無農薬]
- 基本 とげ取り、剪定 [無農薬]
- トライ つぎ木
- トライ タネまき

🦠 病気　そうか病　注意度 ●●●

果実や枝葉にいぼ状もしくはかさぶた状の突起が発生します。落ち葉や枯れ枝を処理して剪定などで防ぎます。それでも毎年のように多発する場合は、予防のために登録のある薬剤（サンボルドーなど）を今月や6月に散布します。

サンボルドーを4月と6月に散布すると、かいよう病とそうか病に対して高い予防効果が得られる。

🐛 害虫　アブラムシ類　注意度 ●●

若くて柔らかい枝葉に発生して、葉が縮れます。葉の裏側をよく観察して、見つけしだい、捕殺します。ほかの害虫も含めて多発する場合は、殺虫剤（ベニカ水溶剤など）の散布を検討します。

手で取ったり水をかけて洗い流すとよい。春枝（4月）、夏枝（7月）、秋枝（9月）の発生初期は特に注意が必要。

主な作業

基本 植えつけ、植え替え [無農薬]
萌芽する前に作業を終える
18、34ページを参照。

基本 とげ取り、剪定 [無農薬]
萌芽する前に作業を終える
33、36～45ページを参照。

トライ つぎ木
台木に穂木をつぐ
48～49ページを参照。

トライ タネまき
果実からタネをとってまく

食べた果実からタネをまくと、結実するまでに9年程度かかるので、収穫が目的であれば苗木を購入します。一方、観察用や観賞用、48ページの台木をつくる目的であれば、ぜひタネまきしてみましょう。タネの表面の皮をむき、ポットに入れた市販の「タネまき用の土」などにまいて水をやります。

日当たりのよい室内や戸外などに置く。定期的に水やりすれば、早ければ2週間ほどで発芽する。1年後の3月ごろに鉢上げするとよい。

 ## つぎ木

適期＝4月

レモンはタネでふやさない

レモンをタネでふやすと、親木と異なる性質をもつ個体になる、収穫までに9年程度かかる、大木になる、ウイルス病が発症しやすいなど、多くのデメリットがあります。そのためレモンでは、枝などを切り取って別の個体に接合（せつごう）するつぎ木で苗木をつくります。

つぎ木の際に、つぐ側のふやしたい品種の枝の部分を穂木（ほぎ）、つがれる側（根がある側）を台木（だいぎ）といいます。

苗木づくり（切りつぎ）がおすすめ

つぎ木にはいろいろな方法がありますが、本書では初心者でも比較的成功しやすい切りつぎについて解説します。

高つぎすると複数の柑橘類が栽培可

すでに植えてある柑橘類（レモン以外でも可）の成木の枝を台木として、レモンの穂木をつぐこともできます。この作業を高つぎといいます。

台木の準備

苗木をつくる場合は、まずはタネまき（47ページ参照）をして台木をつくります。タネまきからつぎ木ができるような大きさになるまでに1～2年かかるので、前もって用意しておきます。

写真は2年生のカラタチの台木。カラタチは寒さやウイルス病に強く、大木になりにくいのでよく使われる。カラタチのタネがなければ、レモンやユズなどのタネでも可。

穂木の準備

穂木は萌芽前の3月上旬ごろに20cm程度に切り分け、葉を切り取ります。

ポリ袋に入れて、つぎ木の適期まで冷蔵庫の野菜室で保存します。

苗木づくり（切りつぎ）と高つぎの概要

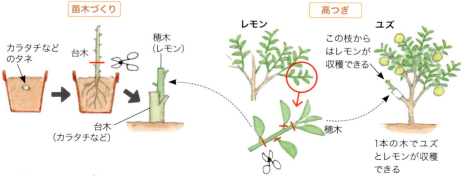

つぎ木（切りつぎ）の手順

① 穂木を調整する

ハサミで穂木を2芽で切り詰め、台木と接する片側はよく切れるナイフやカッターなどで1.5cm程度薄くそぐ。もう片側は先端が鋭くなるようにそぐ。

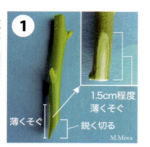

薄くそぐ／1.5cm程度 薄くそぐ／鋭く切る

② 台木を切り詰める

ハサミで台木をつぎ木しやすい位置で切り詰める。苗木づくりの場合は株元から5cm程度、高つぎの場合は成木のなるべく株元に近い枝を切り詰める。

③ 台木の先端を切り下げる

ナイフで切り詰めた台木の先端を1.5cm程度、薄く切り下げる。形成層（下図）が2本、きれいに見えるように平らに切ると成功しやすい。

形成層

④ 台木と穂木を重ね合わせる

台木と穂木のそれぞれ薄く切った部分を重ね合わせる。この際、形成層がぴったり合わさり合わなければ失敗するので、合うまでやり直す。

すき間は厳禁

⑤ 台木と穂木を固定する

ぴったり合ったら、合わせた部分を専用のつぎ木テープか、配線用のビニールテープでしっかり固定する。この際にずれると失敗する。

⑥ ポリ袋をかぶせる

小さなポリ袋をかぶせて、乾燥を防ぐ。穂木の全体（芽を避ける）につぎ木テープを巻いてもよい。萌芽して枝葉が触れそうになったら、ポリ袋を外す。

Column

つぎ木を成功させるポイントは2つ

❶ 切り口を乾燥させない
つぎ木の作業を手早く行って、穂木と台木の切り口が乾燥しないようにする。

❷ 形成層を合わせる
穂木と台木の2本ある形成層のうち、片側だけでもしっかりと合わせる。

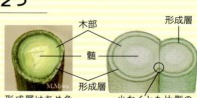

木部／髄／形成層
形成層はあめ色をしている。
少なくとも片側の形成層は合わせる

5月 May

今月の管理

- ☀ 日当たりや風通しのよい戸外
- 💧 鉢植えは2日に1回たっぷり。庭植えは不要
- 🟢 基本的に不要（鉢植えは液肥）
- 🟩 薬剤はなるべく散布しない

基本 基本の作業
トライ 中級・上級者向けの作業
無農薬 無農薬・減農薬で育てるコツ

5月のレモン

今月の最大のイベントは開花です。花の状態を観察して、51ページの不完全花や57ページの直花が多いようなら、株の生育が正常ではないおそれがあるので、防寒対策や剪定などの管理作業を見直します（51、88～89ページ参照）。

今月から収穫まで雨に当たらない場所に置くと、かいよう病などの病気の発生が激減します。鉢植えは、葉の緑色が薄くなりやすいので、年4回の施肥に加え、今月から9月まで液体肥料（液肥）を規定の倍率に希釈して、2週間に1回施すとよいでしょう。

5月の風景　開花
雌しべのつけ根には小さな果実（子房）が隠れている。ミツバチは子房と萼（がく）の間にある蜜腺から出る花蜜を求めて訪花する。

管理

🪴 鉢植えの場合

- ☀ **置き場：日当たりや風通しのよい戸外**
  日光によく当てます。
- 💧 **水やり：2日に1回たっぷり**
  2日に1回を目安に、鉢底から水が流れ出るまでたっぷり与えます。
- 🟢 **肥料：2週間に1回、液肥を施す**

🏠 庭植えの場合

- 💧 **水やり：不要**
- 🟢 **肥料：不要**

🪴🏠 病害虫などの防除

- 🟩 **薬剤はなるべく散布しない**

　アゲハ類、アザミウマ類、アブラムシ類、カメムシ類、コナジラミ類などが発生しやすい時期です。特にアゲハ類は大量の葉を短期間に食べるので、よく観察して、手で取り除きます。

　開花する今月に薬剤を散布すると、受粉を助けるミツバチなどの昆虫の訪花に影響して実つきが悪くなるおそれがあるので、殺菌剤も含めてなるべく控えます。

今月の主な作業

- トライ 人工授粉

害虫 アゲハ類 注意度 ●●●
幼虫が短期間のうちに葉を食べます。早期に発見して、手で取ります。

写真のような終齢幼虫まで大きくなると、1日で3枚程度の葉を食べることもある。

害虫 コナジラミ類 注意度 ●●
吸汁されると木が弱り、周囲にすす病（63ページ参照）が発生します。

小さな白い虫が飛んで逃げるなら本種の可能性が高い。軒下などの雨が当たらない場所に置くと発生しやすい。

主な作業

トライ 人工授粉

実つきが悪ければやる

レモンは1つの花の中の雌しべと雄しべで受粉・受精できるので、人工授粉は必須の作業ではありません。その一方で、開花しているのに毎年実つきが悪いのであれば、花粉が雌しべに届いていない可能性があるので、人工授粉を試すと改善するかもしれません。

レモンの人工授粉では、乾いた絵筆を用いて雌しべと雄しべを交互に触れる。

Column

不完全花で生育状況を把握

不完全花の発生状況によって、株の健康状態を把握できます。不完全花が多い場合は、昨夏の枝の徒長や日照不足、昨冬の低温などが原因で株が弱っている可能性が高いので、その改善を試みましょう。ただし、不完全花は健全な株でも多少は発生します。

花の中央に雌しべの柱頭があるのが完全花（左）、ないのが不完全花（右）。不完全花は人工授粉しても結実しないので、不完全花が多いと実つきが悪くなる。

●●● 注意度3：予防を心がけ、発生したら薬剤散布も視野に入れて対処する
●● 注意度2：なるべく対処する　● 注意度1：特に気にしなくてもよい

June
6月

今月の管理
☀ 日当たりや風通しのよい戸外
💧 鉢植えは2日に1回たっぷり。庭植えは不要
🌿 鉢植え・庭植えともに夏肥を施す
🐛 黒点病予防と害虫の駆除

基本 基本の作業
トライ 中級・上級者向けの作業
無農薬 無農薬・減農薬で育てるコツ

6月のレモン

　6月は生育中の果実が落ちるジューンドロップ（一次生理落果）が発生します。この時期の落果の原因はさまざまで、受粉・受精の失敗や果実間や果実と枝葉との養分競合などが考えられます。健全な木でも多少は落果しますが、多いようなら人工授粉や摘果、剪定などの作業、置き場や水やり、施肥などの管理を見直しましょう（88～89ページ参照）。

　梅雨に入ると黒点病などの病気の感染リスクも高まります。

6月の風景　着果
　肥大する果実（上）もあれば、変色して落ちる果実（下）もある。

管理

🪴 鉢植えの場合

☀ **置き場**：日当たりや風通しのよい戸外
　日光によく当てます。

💧 **水やり**：2日に1回たっぷり
　2日に1回を目安に、鉢底から水が流れ出るまでたっぷり与えます。

🌿 **肥料**：夏肥を施す（液肥も2週間に1回）

🌱 庭植えの場合

💧 **水やり**：不要
🌿 **肥料**：夏肥を施す

🪴🌱 病害虫などの防除

🐛 **黒点病予防と害虫の駆除**
　梅雨の期間中に黒点病に感染するおそれがあります。農薬に頼らずに育てる5つのコツ（76～77ページ参照）をすべて試しても多発して手に負えないのであれば、殺菌剤（サンケイエムダイファー水和剤など）の散布を今月と7月に行うと非常に効果的です。51ページのアゲハ類などに加え、カミキリムシ類の成虫やハダニ類、サビダニ類などが発生し始めます。

今月の主な作業

- トライ 夏枝の除去 [無農薬]
- トライ 環状はく皮

病気　黒点病・軸腐病　注意度 ●●●

果実や枝葉に小さなそばかす状の黒点が発生して、ざらざらになります。落ち葉や枯れ枝を処分して、袋かけをしても毎年のように多発する場合は、サンケイエムダイファー水和剤などを今月と7月に散布すると効果的です。

黒点病は一度発生すると毎年発生しやすい。軸腐病は貯蔵中に果梗の周囲に発生するが（左下）、病原菌は黒点病と同じ。

夏肥（追肥1）

適期＝6月上旬

春肥の効果が弱まった今月は夏肥を施します。チッ素、リン酸、カリウムがおおよそ同程度含まれており（8-8-8など）、コーティングされて効果が2〜4か月間持続する緩効性化成肥料がおすすめで、施肥量は右表を目安にします。鉢植えは夏肥のほかに液体肥料（6-10-5など）を規定の濃度に希釈し、5〜9月に2週間に1回施すと葉の緑色が濃くなり、実つきがよくなります。

主な作業

トライ 夏枝の除去

夏枝をつけ根で切り取る

65ページの秋枝の除去を参照。

トライ 環状はく皮

枝の皮をはぎ取って実つきを向上

環状はく皮とは、枝の皮を形成層（49ページ参照）まではぎ取る作業で、実つきや果実品質を高める効果があり、柑橘類に限らずさまざまな果樹で行われています。方法を間違えたり、弱った木に施すと木が枯れてしまうこともある難しい作業なので、いろいろな作業に慣れて自信がついてから実施しましょう。方法は56ページを参照します。

夏肥の施肥量の目安（化成肥料*1を施す場合）

鉢や木の大きさ		施肥量*2
鉢植え	鉢の大きさ（号数*3） 8号	10g
	10号	20g
	15号	35g
庭植え	樹冠直径*4 1m未満	45g
	2m	180g
	4m	630g

*1：緩効性化成肥料は N-P-K＝8-8-8 など
*2：一握り30g、一つまみ3gを目安に
*3：8号は直径24cm、10号は直径30cm、15号は直径45cm
*4：87ページ参照

●●● 注意度3：予防を心がけ、発生したら薬剤散布も視野に入れて対処する
●● 注意度2：なるべく対処する　● 注意度1：特に気にしなくてもよい

7月 July

今月の管理
- ☀ 日当たりや風通しのよい戸外
- 💧 鉢植えは毎日たっぷり。庭植えは雨が降らなければ
- 🟩 基本的に不要（鉢植えは液肥）
- 🐛 害虫の駆除

基本 基本の作業
トライ 中級・上級者向けの作業
無農薬 無農薬・減農薬で育てるコツ

7月のレモン

6月から続いていた落果が中旬ごろに一段落して、下旬ごろから摘果の適期を迎えます。摘果はその年の収穫はもちろん、翌年以降の収穫にも影響を与える重要な作業なので（58ページ参照）、毎年必ず行いましょう。気温の上昇に伴って夏枝が発生しますが、春枝に比べて徒長気味に伸びて翌年の花つき・実つきが悪い傾向にあります（42ページ参照）。春枝が十分にあれば、夏枝は発生しだい、間引いてもかまいません。

7月の風景　果実の落果と肥大
ジューンドロップで落ちた果実（手の上の4個）と生き残った果実（緑色が濃い1個）。

管理

🪴 鉢植えの場合

- ☀ **置き場：日当たりや風通しのよい戸外**
  日光によく当てます。
- 💧 **水やり：毎日たっぷり**
  基本的には毎日、たっぷりやります。
- 🟩 **肥料：2週間に1回、液肥を施す**

🌱 庭植えの場合

- 💧 **水やり：降雨が2週間程度なければ、たっぷり与える**
- 🟩 **肥料：不要**

🪴🌱 病害虫などの防除

🐛 害虫の駆除

5〜6月に例をあげた病害虫に引き続き注意します。特に55ページのカミキリムシ類には注意が必要で、成虫は捕殺して、穴の中の幼虫は針金や農薬などで駆除します。73ページのハダニ類やサビダニ類は乾燥すると増加します。多発して困る場合はマシン油乳剤（73ページ参照）を今月にも散布します。

ただし、枝葉が傷むおそれがあるのでほかの農薬と混ぜて散布するのは控えます。

今月の主な作業

- トライ 夏枝の除去 [無農薬]
- トライ 夏花の除去
- トライ 環状はく皮
- 基本 摘果・袋かけ [無農薬]

1月 / 2月 / 3月 / 4月 / 5月 / 6月 / **7月** / 8月 / 9月 / 10月 / 11月 / 12月

害虫　カミキリムシ類　注意度★★★

幼虫が幹の内部を食害し、枯死してしまうこともある厄介な害虫。新鮮な木くずが出ていれば中に幼虫がいるので、針金をさし込む。ゴマダラカミキリの場合は、園芸用キンチョールEを穴の中に噴霧し駆除します。

成虫（右写真）は羽化って幹の外に出る6〜9月ごろに捕殺する。新鮮な木くず（81ページ参照）があれば、幼虫が中にいるので駆除する。

害虫　ミカンハモグリガ　注意度★

ガの幼虫が、白い筋を残しながら葉を加害します。特に害はないので対処は不要ですが、見た目が気になる場合や加害痕からかいよう病が多発する場合は、枝ごと切り取るかベニカ水溶剤などの殺虫剤を複数回散布します。

主に夏枝や秋枝に発生する。幼虫は6日程度で葉から出ていくので、葉を取り除いたり、薬剤を1回散布しても効果は少ない。

主な作業

トライ 夏枝の除去 [無農薬]

夏枝をつけ根で切り取る

65ページの秋枝の除去を参照。

トライ 夏花の除去

夏花を摘み取る

夏花は基本的には不要なので（57ページ参照）、見つけしだい除去します。

トライ 環状はく皮

枝の皮をはぎ取って実つきを向上

56ページを参照。

基本 摘果・袋かけ [無農薬]

果実を間引き、果実袋をかける

58ページを参考に下旬ごろから実施。

害虫　アザミウマ類　注意度★

別名スリップスで、成虫でも1mm未満。果実や葉が吸汁され、灰褐色に変色します。果皮の表面が汚くなる程度ですが、多発して困る場合は殺虫剤（ベニカ水溶剤など）を散布します。

開花前後に果梗に沿って吸汁されるとリング状の痕が残る。

トライ 環状はく皮 適期＝6〜7月

環状はく皮とは、幹や枝の周囲にぐるりと環状の切り込みを入れて、樹皮などをはぎ取ることです。レモンでは花つきや実つきを向上させ、果実の肥大を促進する効果が期待できます。上級者向けの作業なので、余裕があればチャレンジしましょう。

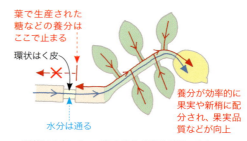

環状はく皮によって葉の光合成産物が根の方向に流出するのを妨げ、果実などに養分を効率的に配分することができる。

環状はく皮の手順

1 つぎ木ナイフやカッターナイフなどで、2cm程度の太さの枝（側枝）を1周するように深さ1mm程度の傷を2本（幅1cm）入れる。

2 ①でつけた2本の傷をつなげるように、縦に1本の傷を加える。

3-1 ②の傷に爪を差し込み、写真のように樹皮などをはぎ取る。

3-2 環状はく皮専用の器具（商品名：グリーンカット10など）を使えば、①〜③-1をワンタッチで行える。

4 完成。写真では太さが2cm程度の側枝（末端の枝）に処理している。主幹や主枝といった太い枝や結果母枝と呼ばれるやや太い枝に処理する場合もあるが木が弱りやすく注意。

5 環状はく皮から1か月後の処理部位。このあとむいた部分は徐々にふさがって、効果は1年間程度しか持続しないので、毎年環状はく皮する必要がある。

Column

春花、夏花、秋花

　レモンは通常、5月（春花）に咲いた花が肥大して、10〜1月（秋果）に収穫できます。そして四季咲き性が強いため、7月（夏花）や9〜10月（秋花）にも開花します。夏花が肥大した果実（春果）は、温暖地で栽培するか温室や暖かい室内で、十分な光合成をさせながら冬越しさせないと、冬の寒さが原因となって落果することが多いです。秋花（夏果）についてはさらに生育が悪く、結実しないか、結実してもスダチくらいのサイズで生育が停止することが多く、家庭での収穫は困難です。

　以上のように、家庭で育てる場合には実つきのよい春花を活用して、収穫に至りにくい夏花や秋花は、開花しだい、取り除くとよいでしょう。

春花、夏花、秋花の開花と収穫の時期

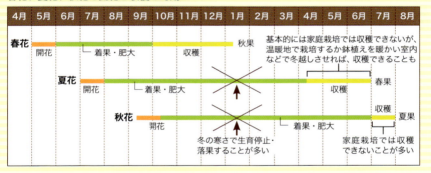

Column

有葉花と直花

　ウンシュウミカンなどは、有葉花に比べて直花由来の果実は品質が悪くなる傾向にあるので優先的に摘果します。一方、レモンでは直花から育った果実は多少果皮が厚いものの、品質に影響は少ないので残してもかまいません。ただし、低温や栄養不足、根詰まりなどが原因で木が傷むと直花は多くなるので、管理作業を見直すきっかけとします。

発生した枝に葉をもつ花が有葉花。有葉花が多いというのは木の生育がよい証しといえる。

発生した枝に葉をもたない花が直花。直花が多いようなら木が弱っている可能性が高い。

基本 摘果・袋かけ 無農薬

適期＝7月下旬～9月上旬

摘果

目的

摘果とは、まだ小さい果実をその木にとって適切な割合まで間引くことです。摘果しないと果実間で養分競合が起こり、当年の収穫果が小さくなるほか、翌年の収穫量が激減すること（隔年結果）もあります。もったいない、面倒だと感じても必ず摘果しましょう。

適期

52ページのジューンドロップが落ち着いた7月下旬ごろから行います。9月中旬ごろから生理的花芽分化（62ページ参照）が始まるので、遅くとも9月上旬までには終わらせます。摘果は早い時期に行うほど、高い効果が望めます。

葉の枚数を基準に残す果実数を決める

摘果する際には葉の枚数を基準にして残す果実の数を決めます。レモンは果実1個を育てるのに25枚程度の葉が必要です。この葉と果実の割合を葉果比といい、レモンの葉果比は25です。

例えば250枚の葉がついている木であれば、250枚÷葉果比25＝10個の果実を木に残すことができます。10果以内であれば摘果は不要ですが、超えていれば、10果まで間引きます。

この葉果比はあくまで目安なので、摘果に慣れて葉25枚のボリュームを覚え、枝ごとに何個くらいの果実を残せばよいかを判断できるようになったら、葉の枚数をそのつど数える必要はありません。

袋かけ

目的

摘果後の果実に次ページの果実袋をかぶせることで、病害虫やとげなどの傷から物理的に守ることができます。

付属の針金を巻きつけてしっかりと固定する。

また、やむをえず薬剤を散布する場合でも、果実への薬剤の付着を防げて安心です。加えて、収穫が遅れて降霜や降雪があった場合にも、ある程度の寒さから果実を守ることもできます。費用や手間がかかる作業ですが、ぜひ検討しましょう。

適期

果実の傷を防ぐため、摘果が完了しだい、なるべく早く袋かけをします。

摘果・袋かけの手順

1 葉や果実のつき具合を把握する

摘果前の鉢植え。200枚程度の葉がついており、果実は21個程度ついている。木が大きければ、すべてを数える必要はない。

2-1 葉果比25を目安に間引く

葉200枚を葉果比25で割ると果実を8個残せばよいことがわかる。写真のように傷がある果実（傷果）は、最優先で間引く。

2-2

Aは小果、Bは傷果、Cは正常果。まずは傷果を最優先で切り取り、次に小果を間引く。ほかにも形がいびつな果実（奇形果）も優先的に間引くとよい。

2-3

写真は枝の先端で上向きについた天なり果。天なり果は大きい一方、果皮が厚くて品質が悪いのでウンシュウミカンなどの生食種では間引くが、レモンでは残してもよい。

2-4

写真の2つの果実は正常果。傷果や小果、奇形果をすべて間引いても、葉果比から計算した数字（8果）よりも多ければ、正常果であっても小さくて形がいびつなほうを間引く。

3 摘果が完了した鉢植え

摘果後の果実。21個あった果実を8個残して13個切り取った。株全体に均等につくのが理想だが、偏りがあっても問題ない。

4-1 果実袋をかぶせる

園芸店などには家庭園芸用の果実袋が市販されていることが多い。家庭園芸ではレモン用はないので、大きさが合うほかの果樹用の果実袋を流用する。

4-2

摘果が完了したら、なるべく早めに袋かけをする。果実袋を果実にかぶせたのち、付属の針金を果梗（果実の軸）に巻いてしっかりと固定する。

August
8月

今月の管理
- 日当たりや風通しのよい戸外
- 鉢植えは毎日たっぷり。庭植えは雨が降らなければ
- 基本的に不要（鉢植えは液肥）
- 病気の感染拡大防止と害虫の駆除

 基本の作業
 中級・上級者向けの作業
無農薬 無農薬・減農薬で育てるコツ

8月のレモン

日ざしが強くなって光合成が盛んに行われるようになると、果実の肥大も盛んになります。なるべく今月の早い段階で摘果を完了させます。農薬に頼らないで育てるなら、摘果後の果実に必ず袋かけ（59ページ参照）をしましょう。

肥大が盛んな今月に根が水分不足（61ページ参照）になると、その後に落果して収穫量が激減するほか、翌年以降も不作になることがあります。鉢植えはもちろん、庭植えでも水分不足にならないように水やりします。

管理

鉢植えの場合

置き場：日当たりや風通しのよい戸外
日光によく当てます。

水やり：毎日たっぷり
基本的には毎日、たっぷりやります。

肥料：2週間に1回、液肥を施す

庭植えの場合

水やり：降雨が2週間程度なければ、たっぷり与える

肥料：不要

病害虫などの防除

病気の感染拡大防止と害虫の駆除

かいよう病や黒点病など、多くの病気の症状が目立つようになった場合は、その3か月ほど前から感染しているので予防が重要です。感染後に薬剤散布してもその部位を治すことはできないので、被害部位を取り除いて感染拡大を防ぎます。

害虫については、レモンに発生する害虫のほぼすべてがこの時期に発生する可能性があります。

8月の風景　摘果
摘果して適正な数まで果実を減らすとよい。傷がついた果実は最優先で切り取る。

今月の主な作業

- トライ 夏枝の除去 [無農薬]
- 基本 摘果・袋かけ [無農薬]

病気　灰色かび病　　注意度 ●

開花後の花弁などが果実に残りカビが生えて、その痕が白く残ります。外観が悪くなる程度で、感染が拡大しないので放置しても問題ありません。気になる場合は、開花後に残った花がらを摘み取るほか、薬剤散布も効果的です。

花弁が残っていた場所に白くコルク化した病変が発生する。貯蔵中の果実に白いカビが生えるのも本病で、その場合は67ページの予措で防ぐ。

害虫　チャノホコリダニ　　注意度 ●

開花後から8月にかけて特に発生し、加害されると果皮の表面が灰色のかさぶた状になります。外観が汚れる程度ですが、多発して気になるなら、薬剤散布が効果的です。

体長0.2mm程度と小さいので、手で取るのは難しい。レモン以外にもいろいろな作物に発生する。

主な作業

トライ 夏枝の除去 [無農薬]

夏枝をつけ根で切り取る
65ページを参照。

基本 摘果・袋かけ [無農薬]

果実を間引き、果実袋をかける
58ページを参照。

その他の障害

水分不足・高温障害　　注意度 ●●●

根が水分不足になると枝葉がしおれます。短期間であれば復活しますが、長期間だと落果してその年の収穫量が激減し、翌年以降にも影響します。

レモンは本来、根が健全で水さえ足りていれば、40℃以上の高温でも耐えますが、水分不足になると多少の高温でも木が弱ります（高温障害）。これらの症状は、根の量が少なかったり傷んだ状態なら水分が十分でも発生します。

水分不足になると若い新梢はしおれ（左）、古い葉（旧葉）は内側に丸まる（右）。

8月

61

September
9月

今月の管理

- 日当たりや風通しのよい戸外
- 鉢植えは毎日たっぷり。庭植えは雨が降らなければ
- 鉢植え・庭植えともに初秋肥を施す
- 貯蔵病害やカメムシ類の予防

基本 基本の作業
トライ 中級・上級者向けの作業
無農薬 無農薬・減農薬で育てるコツ

9月のレモン

今月から10月ごろまでの木の生育・栄養状態は特に重要です。なぜなら、翌年用の花芽（42ページ参照）を形成する準備を開始し（生理的花芽分化）、生育・栄養状態がこれらの準備に大きく影響するからです。翌年の開花・結実量を確保するためには、摘果は遅くとも上旬までには終わらせ、今月から発生する秋枝や秋花（下写真）を摘み取って養分競合を回避しましょう。根の水分不足も大敵です。

中旬ごろから落果が多少ありますが（二次生理落果）、多いようなら管理作業を見直します（88〜89ページ参照）。

9月の風景 秋花と肥大する果実
写真の手前には秋花が咲いている。その奥には収穫間近の果実が写り込んでいる。

管理

鉢植えの場合

置き場：日当たりや風通しのよい戸外
日光によく当てます。

水やり：毎日たっぷり
基本的には毎日、たっぷりやります。

肥料：初秋肥を施す（液肥も2週間に1回施す）

庭植えの場合

水やり：降雨が2週間程度なければ、たっぷり与える

肥料：初秋肥を施す

病害虫などの防除

貯蔵病害やカメムシ類の予防

先月に引き続き多くの病害虫が発生しますが、中旬ごろになって暑さが和らぐと発生が多少は収まります。

青（緑）かび病（69ページ参照）や軸腐病（53ページ参照）のような貯蔵中に発生する病気が毎年のように多発する場合は、今月に予防のための薬剤散布をすると効果的です。カメムシ類（65ページ参照）についても注意します。

今月の主な作業

- 基本 摘果・袋かけ [無農薬]
- トライ 秋枝の除去 [無農薬]
- トライ 秋花の除去
- 基本 鉢への植えつけ
- 基本 植え替え [無農薬]

病気 すす病　注意度●

カイガラムシ類（29ページ参照）やアブラムシ類（47ページ参照）、コナジラミ類（51ページ参照）などの害虫の分泌液にカビが生えることで、果実や枝葉が黒く汚れます。汚れの周囲を観察して、発生しているこれらの害虫を駆除すると発生が収まります。

黒く汚れるという点は黒点病やサビダニ類などのほかの病害虫と似ているが、この病気は汚れを拭き取ることができるのが特徴。

初秋肥（追肥2）
適期＝9月上旬

果実が盛んに肥大し、秋枝が伸びて養分が不足気味の株に、初秋肥を施して回復を促します。肥料分の多くが11月ごろまで残ると、着色や収穫時期が遅れるおそれがあるので、コーティングされていない速効性の化成肥料（8-8-8など）が向いています。右表の施肥量を目安に9月上旬に施します。液体肥料は今月中旬に施したら、それ以降には施しません。

主な作業

基本 摘果・袋かけ [無農薬]
果実を間引き、果実袋をかける
58ページを参照して上旬までに。

トライ 秋枝の除去 [無農薬]
秋枝をつけ根で切り取る
65ページを参照。

トライ 秋花の除去
秋花を摘み取る
秋花は見つけしだい、除去します。

基本 鉢への植えつけ、植え替え [無農薬]
果実がついていない鉢植えは適期
下旬から鉢植えの植えつけと植え替えの適期（庭植えや結実した株は含まない）。18、34ページを参考に作業します。

初秋肥の施肥量の目安（化成肥料[*1]を施す場合）

鉢や木の大きさ			施肥量[*2]
鉢植え	鉢の大きさ（号数[*3]）	8号	10g
		10号	20g
		15号	35g
庭植え	樹冠直径[*4]	1m未満	45g
		2m	180g
		4m	630g

*1：速効性化成肥料はN-P-K＝8-8-8など
*2：一握り30g、一つまみ3gを目安に
*3：8号は直径24cm、10号は直径30cm、15号は直径45cm
*4：87ページ参照

●●● 注意度3：予防を心がけ、発生したら薬剤散布も視野に入れて対処する
●● 注意度2：なるべく対処する　● 注意度1：特に気にしなくてもよい

October 10月

今月の管理

- ☀ 日当たりや風通しのよい戸外
- 💧 鉢植えは2日に1回たっぷり。庭植えは雨が降らなければ
- 🌱 鉢植え・庭植えともに不要
- 🧪 薬剤はなるべく散布しない

- 基本 基本の作業
- トライ 中級・上級者向けの作業
- 無農薬 無農薬・減農薬で育てるコツ

10月のレモン

朝晩が冷え込むようになると、果実肥大が停止して着色の準備が始まります。果実の緑色が徐々に薄くなって黄緑色になると、果肉が軟化して果汁が搾りやすくなるので、完全に黄色くなる前の状態でも、グリーンレモンとして収穫できます。2月以降に黄色く完熟した果実（イエローレモン）が使いきれず、木になりっぱなしになって木が傷むことがないよう、今月から計画的に収穫して1月末の収穫完了を目指します。

管理

🪴 鉢植えの場合

☀ **置き場：日当たりや風通しのよい戸外**
日光によく当てます。

💧 **水やり：2日に1回を目安に**
2日に1回を目安にたっぷりやります。

🌱 **肥料：不要**

⬆ 庭植えの場合

💧 **水やり：不要**

🌱 **肥料：不要**

🪴⬆ 病害虫などの防除

🧪 **薬剤はなるべく散布しない**

発生したばかりの秋枝にアブラムシ類やハダニ類などが発生します。収穫が近づいているので薬剤の散布は極力控え、手で取り除いたり、水をかけて防ぎます。

ミカンハモグリガ（55、80ページ参照）が夏枝や秋枝に発生します。特に害はないですが、見栄えが悪くて気になる場合は、春枝が十分にあれば発生している夏枝や秋枝はつけ根で切り取ります（65ページ参照）。

10月の風景　着色直前のグリーンレモン
写真左の果実のように緑色が薄くなったらグリーンレモンとして収穫できる。写真右より着色が進むとイエローレモンになる。

今月の主な作業

- 基本 収穫
- トライ 果実の貯蔵
- 基本 鉢への植えつけ
- 基本 植え替え [無農薬]
- トライ 秋枝の除去 [無農薬]
- トライ 秋花の除去

病気　褐色腐敗病　　注意度 ●●

主に樹上で着色し始めた果実に発生します。発生初期は褐色の小さな斑点が発生し、その後急激に病斑が拡大して腐り、悪臭を放ちながら落果します。

鉢植えは鉢を雨が当たらない場所に置き、庭植えには果実袋をかけます。

家庭での発生例は少ないが、病原菌の密度が高い柑橘類の産地の周囲では発生しやすい。

害虫　カメムシ類　　注意度 ●●

数種のカメムシが果実などを吸汁して、えくぼのようなくぼみができるほか、被害がひどいと落果します。摘果後の果実に果実袋をかければ、それ以降の被害は低減できます。袋かけをしても多発する場合は、4、7、9月ごろの薬剤散布を検討します。

写真はクサギカメムシの幼虫。誤って触れてしまうと強烈な臭いを放つので注意。

主な作業

基本 収穫
グリーンレモンの収穫
66ページを参照。

トライ 果実の貯蔵
木になりっぱなしはNG！
66〜67ページを参照。

基本 鉢への植えつけ、植え替え [無農薬]
果実がついていない鉢植えは適期
18、34ページを参照。

トライ 秋枝の除去 [無農薬]
秋枝をつけ根で切り取る

9〜10月ごろに発生する秋枝は貧弱か、充実していても42ページの花芽の形成が間に合わず、翌春に開花しにくいです。枝葉の量が十分な場合は不要なので、発生しだいつけ根で切り取ります。

3月の剪定時に切り取ってもよいが、その時期では秋枝かどうかが判別にくいので、発生直後に取り除くと効率的。同様に夏枝も6〜8月に除去する。

トライ 秋花の除去
秋花を摘み取る

秋花は見つけしだい、除去します。

●●● 注意度3：予防を心がけ、発生したら薬剤散布も視野に入れて対処する
●● 注意度2：なるべく対処する　● 注意度1：特に気にしなくてもよい

基本 収穫　適期＝10〜1月

　下記の適期と手順を参考にしながら、黄緑色（グリーンレモン）や黄色（イエローレモン）に色づいた果実を自身の好みの状態で収穫します。

未熟な果実（〜9月下旬）

- 果実肥大の最中
- 緑色が濃い
- 表面はゴツゴツ
- 果肉が堅い
- 果汁が少ない
- 青臭い香り

【収穫に不向き】

イエローレモン（11月中旬〜1月下旬）

- 黄色や橙色に色づく
- 表面はなめらか
- 果肉は柔らかい
- 果汁が豊富
- 適度な香り

【収穫可能】

9月	10月	11月	12月	1月	2月	3月
未熟な果実	グリーンレモン		イエローレモン		なりっぱなしはNG	

【収穫可能】

グリーンレモン（10月上旬〜11月上旬）

- 果実肥大は停止
- 濃緑色→黄緑色へ
- 表面はなめらか
- 果肉はやや堅い
- 果汁はやや少ない
- 香りが強い

なりっぱなしはNG（2月上旬〜7月下旬）

果梗（果実の軸）がしっかりしており、完全に着色してから半年程度（夏ごろまで）は落果しないで木に残ることが多いです。しかし、収穫しないで果実を木になりっぱなしにしておくと、果実が寒さで傷むほか（83ページ参照）、木が消耗して翌年の結実数が減る可能性があるので、遅くとも1月末には収穫するとよいでしょう。

収穫の手順

1 果梗付近の果肉が傷むので果実を強引に引っ張らないように注意しながら、果梗をハサミで切る。

2 切り口がほかの果実を傷つけないように果梗を切り直す（二度切り）。すぐに利用しない果実は、67ページに準じて貯蔵する。

トライ 果実の貯蔵

適期＝収穫後すぐ

貯蔵する？しない？

収穫した無傷の果実は、室内の日陰の涼しい場所に置けば、1か月程度は日もちします。収穫量が多くて、使いきるまでに1か月以上かかる場合は、下記の手順で貯蔵しましょう。貯蔵を成功させるポイントは、温度と湿度を好適な条件に調節することです。なお、傷がついた果実は貯蔵してもすぐに腐るので、直ちに利用します。

① 果実の表面を乾かす（予措）

貯蔵前の果実を乾燥させると、貯蔵中の青（緑）かび病や軸腐病（79ページ参照）の発生を減らす効果が期待できます。この作業を予措といいます。

室内の日陰で涼しくて風通しのよい場所に新聞紙を敷いて、その上に収穫直後の果実を重ならないように置き、2〜10日程度放置します。果実の水分が2％程度減る（100gの果実が98gになるまで）のが予措完了の目安です。

乾きにくければ、扇風機などをかけて風通しをよくするとよい。

② ポリ袋に入れる

予措をして果皮を乾かした果実は、保湿のためにポリ袋に入れます。大きな袋に多くの果実を入れると過湿になりやすいほか、腐った際に周囲の果実を巻き込むので、個装が理想的です。

左：大きな袋に複数の果実を収納。右：個装。

③ 冷蔵庫に入れる

ポリ袋に入れて保湿した果実は、冷蔵庫に入れて低温で保存します。温度は5〜8℃程度が理想的で、野菜室やドアポケットなどに入れるのがおすすめです。貯蔵温度が高すぎると79ページの青（緑）かび病などが発生して腐り、低すぎると果皮が傷んで変色したり、果実が凍って傷みます。

野菜室などに入れて貯蔵する。腐りや病斑が発生した果実はすぐに取り除く。状態がよければ、5か月程度は貯蔵できる。

November
11月

基本	基本の作業
トライ	中級・上級者向けの作業
無農薬	無農薬・減農薬で育てるコツ

今月の管理

- 日当たりのよい室内
- 鉢植えは3日に1回たっぷり。庭植えは不要
- 鉢植え・庭植えともに秋肥を施す
- 薬剤はなるべく散布しない

11月のレモン

着色がいっそう進み、完全に黄色や橙色に色づいて、イエローレモンとして収穫できる果実がふえます。

早ければ今月から、葉のつけ根になる芽の中で花芽（翌年用の花のもと：42ページ）ができ始めます（形態的花芽分化）。今月上旬から降霜のリスクが徐々に高まりますが、寒さの被害にあうと、51ページの不完全花や57ページの直花の割合がふえるので、防寒対策は翌年の収穫量を確保するためにも大切です。しっかりと取り組みましょう。

11月の風景　イエローレモンの収穫
イエローレモンとは品種名や登録商標などではなく、黄色などに色づいた果実を指す。完全着色したら早めに収穫を完了する。

管理

鉢植えの場合

置き場：日当たりのよい室内など
70ページを参考にして下旬から防寒対策を施します。室内などに置き場を変えるのがベストです。冬でも光合成しているので、日当たりのよい窓際などに置くとよいでしょう。

水やり：3日に1回を目安に
3日に1回を目安に、鉢底から水が流れ出るほどたっぷり与えます。

肥料：秋肥を施す

庭植えの場合

水やり：不要

肥料：秋肥を施す

病害虫などの防除

薬剤はなるべく散布しない
冷え込みが強まると、病害虫の発生は少なくなりますが、油断は禁物です。収穫時期を迎えているので、病害虫が発生しても、薬剤は極力散布しないようにしましょう。

今月の主な作業

- 基本 収穫
- トライ 果実の貯蔵
- 基本 鉢への植えつけ
- 基本 鉢の植え替え [無農薬]
- 基本 防寒対策

病気　青(緑)かび病　注意度 ◎◎

傷を中心にして、収穫果に青色や緑色のカビが生えます。果実に傷などをつけないように注意するほか、67ページの予措をします。原因菌は樹上で付着するので、多発するなら9月ごろにベンレート水和剤などを散布します。

無傷の果実には発生しにくい。生育中や収穫作業時、収穫後に傷をつけたり衝撃を与えないように注意する。

主な作業

基本 収穫
イエローレモンの収穫
66ページを参照。

トライ 果実の貯蔵
果実を長く楽しむ
すぐに食べきれない果実は、67ページに準じて長期保存します。

基本 鉢への植えつけ、植え替え [無農薬]
果実がついていない鉢植えは適期
18、34ページを参照。

基本 防寒対策
冬の寒さに備える
霜が降りる前に、70〜71ページを参考にして防寒対策を施します。

秋肥(お礼肥)
適期＝11月下旬

結実や新梢の伸長で消耗した株に秋肥を施して回復を促します。施肥時期が早すぎると果実の着色が遅れ、遅すぎると気温が低下して肥料の吸収率も低下するので、11月下旬ごろがおすすめです。お礼肥ともいいますが、収穫が完了するまで待つ必要はなく、適期になったら果実が木に残っていても施します。速効性の化成肥料(8-8-8など)を右表を目安に施します。

初秋肥の施肥量の目安(化成肥料[*1]を施す場合)

鉢や木の大きさ		施肥量[*2]
鉢植え	鉢の大きさ(号数[*3]) 8号	15g
	10号	25g
	15号	45g
庭植え	樹冠直径[*4] 1m未満	65g
	2m	250g
	4m	1000g

*1：速効性化成肥料は N-P-K＝8-8-8 など
*2：一握り30g、一つまみ3gを目安に
*3：8号は直径24cm、10号は直径30cm、15号は直径45cm
*4：87ページ参照

◎◎◎ 注意度3：予防を心がけ、発生したら薬剤散布も視野に入れて対処する
◎◎ 注意度2：なるべく対処する　◎ 注意度1：特に気にしなくてもよい

基本 防寒対策

適期＝11月下旬〜3月（寒さがゆるむまで）

レモンは寒さが最大の敵

　低温に遭遇した葉は、右写真のようにパリパリになって落ちます。寒害によって大半の葉が落ちることで、木の生育が悪くなるほか、68ページの形態的花芽分化の妨げとなり、51ページの不完全花がふえて翌年の結実数が減少します。ただし、木が生命の危機を感じて子孫を残そうとするのか、一時的に翌年の開花数（特に夏花と秋花）が増加したのち、そのほとんどが落果します。

　果実は軽度の低温に遭遇すると果肉に29ページのす上がりが発生し、重度だと褐色に変色します。

寒害（低温障害）
低温に遭遇した当初は褐色に変色し、徐々に白っぽくなってパリパリになる。春ごろに被害に気づくことも。

0℃程度まで下がるなら防寒対策を

　一般にレモンの耐寒気温は−3℃といわれています。他方、枝葉に霜が降りると傷んで落葉することが多いので、居住地の気温が−3℃まで下がらなくても、降霜が激しくなる0℃程度まで下がるなら、以下の防寒対策をします。

庭植えの防寒対策

　庭植えは鉢植えとは異なり、防寒対策しにくいため、降霜するような寒冷地でこれから苗木を植えるのであれば、14ページの耐寒品種を育てるか、庭植えではなく鉢植えにするのが抜本的な防寒対策といえます。

　すでに庭植えにしていてまだ木が小さい場合は、寒冷紗被覆（右写真）を施したり、20ページを参考に庭植えの木を掘り上げて、鉢植えに転換する（19ページ参照）ことも検討しましょう。大木になってしまった庭植えの有効な防寒対策は見当たりません。

庭植えの幼木の防寒対策

幼木であれば枝葉に白色の寒冷紗を巻きつけて、ひもなどで固定し（寒冷紗被覆）、株元にわらなどを敷き詰めて保温する。これらの防寒対策をしても、強い寒波が到来した年には枯死するおそれがあるので、鉢植えへの転換を検討するとよい。

鉢植えの防寒対策

① 室内などに取り込む

家庭栽培で最も安全なのが室内などに取り込むことです。冬でも光合成をしているので、日当たりがよい場所で、暖房などの温風が株に直接当たらない場所が望ましいです。室内でなくても、0℃を下回らず、霜が降りないような場所であれば大丈夫でしょう。

常に室内に取り込むのが難しければ、霜や寒波が到来する日だけ、玄関などに取り込みます。

室内の日当たりのよい窓側に置くのがおすすめ。

② 寒冷紗被覆と二重鉢

以下の寒冷紗被覆と二重鉢を施すことで、2～3℃の保温効果が得られます。

1 用意するもの

Ⓐ鉢植え、Ⓑ二回り大きな鉢、Ⓒ白色寒冷紗、Ⓓ土（何でも可）、Ⓔ支柱、Ⓕひも、Ⓖ移植ゴテなど

2 白色寒冷紗を巻く

鉢植えに支柱を立てたのち、白色の寒冷紗を株の地上部に4重程度に巻きつける。色を白にすると日光が通りやすい。

3 寒冷紗をひもで固定する

白色寒冷紗を巻きつけたら、ひもで3か所程度を固定する。内部の枝が折れないように力加減には注意する。

4 二重鉢にする

二回り程度大きな鉢の中に育てている鉢植えを入れて、保温のための土で満たす。鉢が隠れるようにたっぷりと入れたら完成。

71

December 12月

今月の管理

- ☀ 日当たりのよい室内など
- 💧 鉢植えは5日に1回、午前中に。庭植えは不要
- 🎲 鉢植え・庭植えともに不要
- 🐛 越冬病害虫を駆除

基本　基本の作業
トライ　中級・上級者向けの作業
無農薬　無農薬・減農薬で育てるコツ

12月のレモン

　寒さが本格的になってくる12月。ほとんどの果実が黄色く色づき、イエローレモンの収穫が最盛期を迎えます。収穫しても使い道がしばらくない場合でも、29ページの果実のす上がりや58ページの隔年結果を考慮すると、なりっぱなしにしないで、完全に着色した果実はなるべく早く収穫したほうが無難です。

　病害虫が越冬するのを防ぐため、落ち葉や枯れ枝を処分しましょう（29ページ参照）。

12月の風景　レモンパーティの様子
　収穫したレモンは料理に活用するのも楽しみの一つ。農薬に頼らないで育てれば、皮ごと安心して使える（76ページ参照）。

管理

🪴 鉢植えの場合

☀ 置き場：日当たりのよい室内など
　室内に取り込むなど、防寒対策（70～71ページ参照）に準じます。

💧 水やり：5日に1回を目安に
　5日に1回を目安に、なるべく気温が上昇し始める午前中に行います。

🎲 肥料：不要

🌱 庭植えの場合

💧 水やり：不要
🎲 肥料：不要

🪴🌱 病害虫などの防除

🐛 越冬病害虫の駆除
　76ページを参考にして、落ち葉や枯れ枝を処分し、越冬害虫を駆除します。ミカンハダニやミカンサビダニ（次ページ参照）、ヤノネカイガラムシなどのカイガラムシ類（29ページ参照）のいずれかが毎年のように発生して困る場合には、次ページのマシン油乳剤の散布を検討しましょう。

今月の主な作業

- 基本 収穫
- トライ 落ち葉と枯れ枝の処分 [無農薬]

害虫　ミカンハダニ　注意度 ●●

葉が吸汁されて白くかすれたような状態になり、光合成能力が低下して株が弱ります。晴天時を選んで株全体に水をかけて洗い流すと収まることも。マシン油乳剤などの殺虫剤を散布すると激減します。

視力がよいと葉の上に小さな赤い点（ハダニの個体）が確認できる。

害虫　ミカンサビダニ　注意度 ●●

果実の表面が灰色や茶色に変色して堅くなります。果実袋をかけるか、ミカンハダニと同様の方法で対処します。農薬はミカンハダニと同時防除（75ページ参照）できるものがおすすめ。

成虫でも0.1mm程度と小さい。9〜11月ごろに被害に気づくことが多いが、5〜8月にすでに加害されていることが多い。

主な作業

基本 収穫
収穫はなるべく早めに
66ページを参照。

トライ 落ち葉と枯れ枝の処分 [無農薬]
病害虫の越冬場所を取り去る
29ページを参照。

Column
マシン油乳剤で害虫駆除

マシン油乳剤は機械油に乳化剤を混ぜた殺虫剤で、越冬害虫やその卵の表面に油の膜を張り、窒息死させる効果があります。有機農業でもその使用が認められているので（77ページ参照）、ハダニ類やサビダニ類が多発する場合はおすすめです。

家庭園芸用にはボトルタイプで流通している。

もっとうまく育てるために

More info

日ごろの管理で重要な病害虫や置き場、水やり、肥料についてもう少し詳しく解説します。12か月栽培ナビ（25～73ページ）も参考にしながら、もっとうまく育てるコツを習得しましょう。

病害虫の予防・対処法

ふだんから心がける予防法

- **越冬病害虫の駆除（29、45ページ参照）**
  冬に落ち葉や枯れ枝、剪定枝を除去します。
- **袋かけ（58～59ページ参照）**
  7～9月の摘果直後の果実に市販の果実袋をかけます。
- **夏枝・秋枝の除去や剪定、とげ取りを徹底する（55、65、36～45、33ページ参照）**
  夏枝・秋枝の除去や冬の剪定を徹底して、日当たりや風通しをよくします。とげは見つけしだい切り取って、病気の侵入口となる傷がつくのを防ぎます。
- **鉢植えは置き場を軒下に（84ページ参照）**
  春から秋の鉢植えは、なるべく軒下などの雨が当たらない場所に置きます。
- **水やりは株元に向かって（85ページ参照）**
  木に水がかかると病気が発生しやすいので、株元に向かって水やりします。
- **予防的目的の薬剤散布（75、79、82ページ参照）**
  殺菌剤や一部の殺虫剤には予防効果があります。毎年のように発生する病害虫には、こうした薬剤の予防的な散布を検討しましょう。
- **異常に早く気づく**
  水やりの際などに木をよく観察し、病害虫の発生に早く気づけるよう努力します。

病害虫が発生した場合の対処法

❶ **病害虫名の特定**
78～83ページの写真やほかの資料を参考に発生している病害虫を特定します。

❷ **まずは手で取り除く**
病気の被害部や害虫は割りばしや歯ブラシ、手などで可能なかぎり除去します。

❸ **奥の手は薬剤散布**
病害虫の発生がひどい場合は、薬剤散布を検討します。❶で特定した病害虫の名前と75、79、82ページの表などを参考にして薬剤を選び、発生初期の段階で散布します。病害虫が完全にまん延してから散布しても効果はあまり望めません。

もっとうまく育てるために

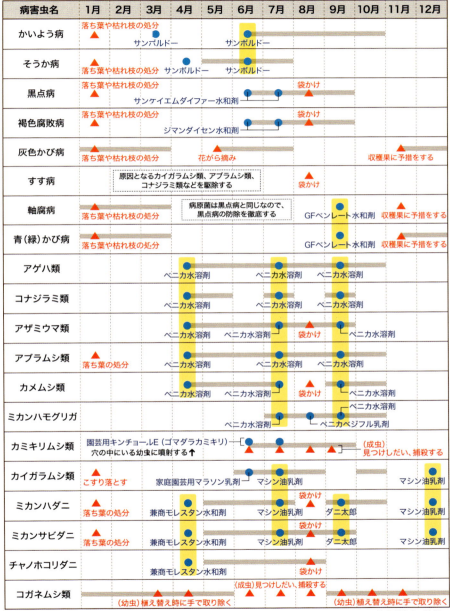

農薬に頼らずに育てる
5つのコツ

レモンは皮ごと利用することも多く、せっかく自分で育てるなら農薬を散布したくないという方も多いでしょう。しかし、農薬を散布しないで収穫を楽しむには、それなりの努力と知識が必要です。ここでは農薬に頼らずに上手に育てる5つのコツを紹介します。

1. 鉢の置き場を軒下に　（84ページ）

病原菌の多くは雨によって運ばれ、水分が存在することで感染が広がります。鉢植えを軒下などに置くと雨が当たらないため、かいよう病、黒点病など多くの病気の発生が激減します。鉢植えは可能であれば軒下に置きましょう。梅雨や秋雨の時期だけでも避難させると、大きな効果が得られます。ある程度は直射日光が当たる軒下に置くのが理想的です。

2. 落ち葉や枯れ枝を処分 （29ページ）

落ち葉には病原菌や害虫が潜んでいる可能性があるので、12～2月の越冬時期に拾い集めます。また、木に残っている枯れ枝には黒点病などの病原菌が残っている可能性が高いので、3～4月の剪定時に切り取って処分します。

3. 毎年必ず剪定する　　（36ページ）

日当たりや風通しが悪いと、病害虫が発生しやすくなるので、36～45ページを参考に毎年剪定しましょう。

皮を利用するなら農薬に頼らずに育てたい。

軒下でも日当たりのよい場所を選ぶとよい。

落ち葉拾い（左）は地味な作業だが、防除効果は絶大。黒点病予防には枯れ枝の除去（右）が必須。

もっとうまく育てるために

4. 袋かけ　　　　　（58ページ）
摘果後の果実に市販の果実袋をかけることで、害虫の被害や寒害、傷果・風ずれ（83ページ参照）などから果実を守ることができます。また、袋かけによって果実への雨の浸入を防ぎ、病気の発生も減少することができます。袋かけは、面倒でもぜひとも行いたい作業です。

左：袋かけしたおかげできれいな果実。右：袋かけしなかったので害虫の被害があった果実。

5. テデトール
害虫や感染性の病気の被害部分を「手で取る」ことを農薬名のように「テデトール」と呼ぶことがあります。古典的な方法ですが、農薬に頼らない防除においては基本の作業なので、こまめに木を観察して実施しましょう。

手で直接取るだけでなく、手袋をはめたり、道具を使った場合でもテデトールに含まれる。

Column

有機農業で使用できる農薬

農産物を出荷する際には、有機JAS（有機農産物の日本農林規格）で規定された方法に従って生産されたものだけが有機農産物を名乗ることができます。マシン油乳剤（キングマシン95など）や銅水和剤（サンボルドーなど）は、分類上は農薬ですが、天然物由来ということで、有機農業でもその使用が認められています。これらの散布により、カイガラムシ類やかいよう病などの厄介な病害虫を防げるので、農薬という理由だけで防除方法から排除しないで、その利用を検討してもよいかもしれません。

マシン油乳剤や銅水和剤のほかに、デンプン液剤など（82ページ参照）も有機農業で使用できる。

写真で見分ける病気

生育中に発生する病気

かいよう病 →33ページ参照

果実や葉にコルク状の斑点が発生し、レモンは特に発病しやすい。病原細菌は傷口から感染することもあるため、とげ取りを行うとよい。

黒点病 →53ページ参照

果実や葉にそばかす状の斑点が発生し、ざらざらになる糸状菌由来の病気。鉢を軒下に置き、落ち葉や枯れ枝の処分、袋かけをすると効果的。

灰色かび病 →61ページ参照

花がら（右写真）が落ちずに果実に残ると白いカビの痕が残る。花がら摘みが効果的。貯蔵果実に白いカビが発生する場合は予措（67ページ）をして防ぐ。

そうか病 →47ページ参照

果実や葉に、いぼ状やかさぶた状の病斑が発生する。レモンは発病しやすい。軒下に鉢植えを置いたり、落ち葉拾い、袋かけが効果的。

褐色腐敗病 →65ページ参照

樹上の果実が褐色になって腐り悪臭がする。軒下に鉢植えを置いたり、落ち葉拾い、袋かけをすると効果的。水やり時に果実に水をかけないほうがよい。

すす病 →63ページ参照

カイガラムシ類やアブラムシ類、コナジラミ類などの排泄物が葉や果実について黒いカビが生える。これらの害虫の発生を確認し、予防・駆除する。

もっとうまく育てるために

- 🍂：落ち葉などの処分（29、45ページ）
- 🍊：袋かけ（58ページ）
- ✂：夏枝・秋枝の除去や剪定（55、65、36ページ）
- 🪴：鉢植えは軒下へ（84ページ）
- ✋：手で取る（77ページ）
- 💧：薬剤散布（75ページ）

貯蔵中に発生する病気

軸腐病 →53ページ参照 🟡🟡🟡

貯蔵中の果皮や果肉が褐変して腐る。腐る範囲は徐々に拡大する。予措（67ページ参照）をすると発生が抑えられる。

青（緑）かび病 →69ページ参照 🟡🟡

貯蔵中の果実の表面に青色や緑色のカビが生えて内部が腐る。予措や個装（67ページ参照）をすると発生が抑えられる。

レモンに農薬登録のある殺菌剤の例

（2024年9月現在）

商品名（薬剤名）	かいよう病	そうか病	黒点病	褐色腐敗病	灰色かび病	軸腐病	青（緑）かび病	幹腐病・切り口の枯込防止
サンボルドー（銅水和剤）	○	○						
GFベンレート水和剤（ベノミル水和剤）						○	○	
家庭園芸用トップジンMゾル（チオファネートメチル水和剤）						○	○	
サンケイエムダイファー水和剤（マンネブ水和剤）			○					
ジマンダイセン水和剤＊（マンゼブ水和剤）			○	○				
トップジンMペースト（チオファネートメチルペースト剤）								○

＊：園芸店などでは入手しにくいので、専門店やインターネットショップ（届出提出の業者）などで購入するとよい
参考：「農薬登録情報提供システム」（農林水産省消費安全技術センター Webページ）
注意：登録内容は随時更新されるので、最新の登録情報に従う
　　：薬液の希釈倍数、使用液量、処理時期、総使用回数は同封の説明書の表記に従う
　　：薬剤を散布する際には風のない日を選び、皮膚にかからないような服装や装備を心がける
　　：散布時期は75ページを参考にするとよい

🟡🟡🟡 注意度3：予防を心がけ、発生したら薬剤散布も視野に入れて対処する
🟡🟡 注意度2：まん延すると厄介なのでなるべく対処する
🟡 注意度1：発生が少なければ特に気にしなくてもよい

More info

写真で見分ける害虫

アゲハ類 →51ページ参照

ナミアゲハなどが発生する。若齢幼虫（左）から終齢幼虫（右）に成長すると短時間で大量の葉を食べるので、なるべく早く発見して捕殺するとよい。

コナジラミ類 →51ページ参照

木に近づいて小さな白い虫が飛び回って逃げたら本種の可能性が高い。枝葉で吸汁して木が傷む。剪定して日当たりや風通しをよくするとよい。

アザミウマ類 →55ページ参照

花弁や果梗に沿って吸汁され、リング状の痕が残ることが多い。落ち葉拾いなどや剪定、袋かけなどを行って防ぐとよい。

アブラムシ類 →47ページ参照

新梢（しんしょう）の先端の柔らかい葉（左）に発生するほか、花蕾（からい）（右）に発生して吸汁することも。手で取るか、晴天時に水で洗い流すとよい。

カメムシ類 →65ページ参照

幼虫や成虫に果実を吸汁されると、えくぼのように凹む。幼果の時期に多発すると落果することも。袋かけで夏以降の被害はある程度防げる。

ミカンハモグリガ →55ページ参照

ガの幼虫が葉の中を食害しながら進むので白い痕が残る。害は少ないので対処不要だが、気になる場合は発生した枝葉を切り取るほか、薬剤散布する。

もっとうまく育てるために

🍂：落ち葉などの処分（29、45ページ）　🎒：袋かけ（58ページ）　▒▒：手で取る（77ページ）
✂：夏枝・秋枝の除去や剪定（55、65、36ページ）　🪴：鉢植えは軒下へ（84ページ）　💧：薬剤散布（75ページ）

カミキリムシ類 →55ページ参照 ⭐⭐⭐

幼虫が太い枝の中を食害して木くずが出る。6〜9月によく観察して新しい木くずを見つけたら、中に針金をさし込む。ゴマダラカミキリなら殺虫剤を注入。

カイガラムシ類 →29ページ参照 ⭐⭐

写真左はヤノネカイガラムシの雌成虫（茶色）と雄の繭（白色）。写真右はイセリアカイガラムシの雌成虫と卵のう。こすり取るか、薬剤散布する。

ミカンハダニ →73ページ参照 ⭐⭐

赤色の小さなハダニが葉や果実に発生して吸汁し、まだら状に緑色が抜けて白色になる。晴天時に水で洗い流すとよい（葉水：85ページ参照）。

ミカンサビダニ →73ページ参照 ⭐⭐

果実や葉が加害されると、灰色や茶色、黒色に変色して表面が堅くなるのが特徴。袋かけのほか、冬のマシン油乳剤の散布も効果的。

チャノホコリダニ →61ページ参照 ⭐

果皮の表面が灰色のかさぶた状になる。発生がひどくなければ特に気にする必要はないが、ひどければ4月の薬剤散布が効果的。

コガネムシ類 →33ページ参照 ⭐⭐⭐

成虫（左）は葉を網目状に食べ、幼虫（右）は土の中の根を食べる。鉢植えは幼虫が多発すると枯死するので、植え替え時に手で取り除くとよい。

⭐⭐⭐注意度3：予防を心がけ、発生したら薬剤散布も視野に入れて対処する
⭐⭐注意度2：まん延すると厄介なのでなるべく対処する　⭐注意度1：発生が少なければ特に気にしなくてもよい

> More info

レモンに農薬登録のある殺虫剤の例

（2024年9月現在）

商品名（薬剤名） \ 病気名	アゲハ類	コナジラミ類	アザミウマ類	アブラムシ類	カメムシ類	ミカンハモグリガ	カミキリムシ類	カイガラムシ類	ミカンハダニ	ミカンサビダニ	チャノホコリダニ	コガネムシ類
ベニカ水溶剤（クロチアニジン水溶剤）	○	○	○	○	○	○	*1 ○	*2 ○				
ベニカベジフルスプレー（クロチアニジン液剤）				○		○						
ベニカベジフル乳剤（ペルメトリン乳剤）			*3 ○	○	○	○						
家庭園芸用マラソン乳剤（マラソン乳剤）				○				○	○			
モスピラン液剤（アセタミプリド液剤）				○								
園芸用キンチョールE（ペルメトリンエアゾル）							*1 ○					
キング95マシン（マシン油乳剤）								○	○	○		
兼商モレスタン水和剤（キノキサリン系水和剤）									○	○	○	
ダニ太郎（ビフェナゼート水和剤）									○	○		
粘着くん液剤（デンプン液剤）									○			
ハッパ乳剤（なたね油乳剤）									○			

＊1：ゴマダラカミキリのみ
＊2：ツノロウムシ、コナカイガラムシ類、アカマルカイガラムシ、ナシマルカイガラムシのみ
＊3：チャノキイロアザミウマのみ
参考：「農薬登録情報提供システム」（農林水産省消費安全技術センター Webページ）
注意：登録内容は随時更新されるので、最新の登録情報に従う
　　：薬液の希釈倍数、使用液量、処理時期、総使用回数は同封の説明書の表記に従う
　　：薬剤を散布する際には風のない日を選び、皮膚にかからないような服装や装備を心がける

もっとうまく育てるために

写真で見分けるその他の障害

寒害（低温障害）→70ページ参照

低温に遭遇すると、枝葉や果実が茶色や白色に変色して木が枯死することも。鉢植えにして室内に取り込むのが抜本的な対策となる。

水分不足・高温障害 →61ページ参照

枝葉（新梢）はしおれ（左）、古い葉は内側に向かって巻く（右）。水やりをしっかり行って水分不足になるのを防ぐ。根腐れなどで傷むと水やりしても発生。

す上がり →29ページ参照

果肉がパサパサになる障害。収穫時期が大幅に遅れる、冬の寒さで果実が傷む、夏の高温乾燥など原因はいくつか考えられる。

養分欠乏・過剰 →21ページ参照

養分不足・過剰によって葉などに異常をきたす。原因は養分だけでなく、土の酸度（pH）が低くなって、マグネシウムが欠乏して葉が黄化することも。

傷果・風ずれ

果実にとげや枝などが当たって傷がついた状態。強風によって傷がつくことも。とげ取り（33ページ参照）をすると傷がつくリスクは大幅に減る。

鳥獣害

果実は酸味が強いので、鳥や獣による食害のリスクは低いが、完熟果やその中のタネが鳥（左）や獣（右）に食べられることもある。

注意度3：予防を心がけ、発生したら薬剤散布も視野に入れて対処する
注意度2：まん延すると厄介なのでなるべく対処する　注意度1：発生が少なければ特に気にしなくてもよい

More info

置き場

鉢植えの春から秋の置き場のポイントは、日当たり、風通し、軒下です。冬は寒冷地では室内などの暖かい場所に取り込むのが基本。季節や時間帯に応じて置き場を工夫しましょう。

春から秋の置き場

日当たりのよい場所

直射日光が長く当たるほど光合成が盛んに行われ、株の隅々に養分が行き渡って生育がよくなります。実つきもよくなり、果実が大きくなる傾向にあります。病害虫の発生も減少します。

風通しのよい場所

風通しがよいと湿度が低下して病気の発生が減少するほか、害虫がとどまりにくくなって、被害が減ります。

雨が当たらない軒下など

病気の原因となる糸状菌（カビの一種）や細菌の多くは、水にぬれたり湿度が上昇することで感染・増殖のリスクが高まります。鉢植えを雨が当たる場所に置くと病気が発生しやすいので、雨水がかからない軒下で、直射日光が最低3時間程度は当たる場所に移動させるのが理想です。常に軒下に置くのが無理なら、感染が多い梅雨や秋雨の時期だけでも移動させると、かいよう病や黒点病などが激減します。

ただし、軒下に置いて雨水が当たらないとハダニ類やサビダニ類、コナジラミ類の発生が増加するので注意。

冬の置き場

日当たりのよい室内がベスト

レモンは0℃程度まで気温が下がると木が傷み始めます（70ページ参照）。天気予報などの最低気温が0℃程度まで下がるような地域では、日当たりのよい室内に鉢植えを取り込むのがベストです。

0℃をわずかに下回る場合は71ページの寒冷紗被覆などの防寒対策をすれば、戸外でも冬越しできる可能性があります。0℃を下回らない温暖地では、戸外で冬越しできます。

春になれば置き場を戸外に戻します。

鉢植えの理想的な置き場

春から秋	冬
日当たりや風通しのよい戸外	日当たりのよい室内に取り込む

暖房の温風などが株に直接当たらないように注意する

春から秋は戸外の日当たりや風通しのよい軒下がよい。冬は日当たりのよい室内がベスト。

水やり

水やりは簡単そうに見えて奥が深く、生育状況に合わせた試行錯誤が必要なため、「水やり3年」という言葉があるほどです。木や土をよく観察して、タイミングや量を見極めましょう。

🪴 鉢植えの水やり

鉢土が乾いたらたっぷり

鉢植えは根が乾燥しやすいので注意が必要です（61ページの水分不足参照）。鉢土の表面が乾いたらたっぷりやるのが基本ですが、慣れるまでは春や秋は2〜3日に1回、夏は毎日、冬は5〜7日に1回を目安に水やりします。

株元に向かってかける

枝葉や果実に水がかかると病気が発生しやすいので（84ページ参照）、水やりは株元に向かってやります（左下写真）。ただし、すぐ乾く環境であれば、株全体に水をかけても問題ありません。晴天時に枝葉に水をかけて（葉水：右下写真）、汚れやアブラムシ類やハダニ類、サビダニ類などを洗い流すと生育が改善します。

水やりは株元に向かってやる（左）。ただし、晴天時は枝葉にかけて（右）、害虫などを洗い流してもよい。

留守中の水やり

旅行などで留守にする場合には、深めの受け皿に水を張って鉢をつけておくとよいでしょう（腰水）。ただし、この腰水を長期間行うと根が過湿になって傷む可能性があるので、5日程度にとどめます。それ以上の長期間になる場合、筆者は家庭用の自動かん水装置を水道に設置して対応しています。

左写真の腰水は5日程度の短期用で、それ以上なら右写真の自動かん水装置（水道に直結）がおすすめ。

⬆ 庭植えの水やり

庭植えのレモンの木は比較的乾燥に強く、春、秋、冬の水やりは不要ですが、夏（7〜9月）だけは注意しましょう。2週間ほど降雨がなければ、枝葉が広がる範囲（樹冠：87ページ参照）を中心にたっぷりと水をやります。

肥料

レモンは年に3回開花するほか、新梢の伸びが盛んなため、肥料の消費量が多く、ほかの柑橘類よりも葉の色が薄くなりやすいので、施肥は重要です。過不足に注意して施しましょう。

施す肥料の時期と種類

本書では鉢植え、庭植えともに2月、6月、9月、11月の年間4回に分けて施す方法を紹介します（下表）。ただし、年間施肥合計量が適切であれば、3～8回に分けても問題ありません。

肥料の種類は、2月は油かすなどの有機質肥料（31ページ）、6月は緩効性の化成肥料（53ページ）、9月や11月は速効性の化成肥料（63、69ページ）を推奨します。これらの肥料はあくまで一例で、土の物理性（ふかふか度）や化学性（養分量）、生物性（微生物など）を満たせば、どんな肥料でもかまいません。

油かすは骨粉などのほかの有機質肥料が混合されていれば理想的で、その形状は固形状（Ⓐ左）と粉末状（Ⓐ右）のどちらでも可。化成肥料は6月は緩効性（Ⓑ）、9月と11月は速効性（Ⓒ）が望ましいが、入手できなければどちらでもよい。パッケージに肥料の持続性の記載がなければ速効性の可能性が高い。鉢植えは5～9月に2週間に1回、液体肥料（Ⓓ）も施すとよい。

肥料を施す時期と種類、量の目安

施肥時期	肥料の種類[1]	鉢植え 鉢の大きさ			庭植え 樹冠直径[2]		
		8号	10号	15号	1m未満	2m	3m
2月 春肥・元肥	油かす	60g	90g	180g	240g	960g	4000g
6月 夏肥・追肥1	緩効性化成肥料	10g	20g	35g	45g	180g	630g
9月 初秋肥・追肥2	速効性化成肥料	10g	20g	35g	45g	180g	630g
11月 秋肥・お礼肥	速効性化成肥料	15g	25g	45g	65g	250g	1000g

*1：油かすはN-P-K=5-3-2など、緩効性化成肥料や速効性化成肥料はN-P-K=8-8-8など
*2：87ページ参照
注意：肥料は重さを量る必要はなく、一握り30g、一つまみ3gを目安にするとよい

もっとうまく育てるために

施す肥料の量

施す肥料の量は、鉢植えは鉢の大きさ（号数）、庭植えは右下図の樹冠の大きさ（直径）を基準に、86ページの表を参考にして施します。鉢の号数は、鉢の直径(cm)を測り、3で割った値です。

肥料が不足すると、枝の伸びが悪くなるほか、葉の色が徐々に薄くなって黄緑色になります。レモンはほかの柑橘類に比べると葉色が薄くなりやすく、鉢植えは顕著なので、5〜9月に液体肥料（6-10-5など）を水で希釈して2週間に1回施すと効果的です（右写真）。反対に肥料の量が過剰だと、長くて太い枝（徒長枝）が多く発生し、実つきがかえって悪化します。86ページの表はあくまで目安として、株の生育に応じて施肥量を調節します。

施す場所

鉢植え、庭植えともに下図を参考にして施します。鉢の縁や庭の根の周囲だけに偏ることなく、根の張る範囲全体に施す方法を筆者は推奨しています。

施す場所　鉢植えの場合

鉢の縁に沿って施す例も散見されるが、根は全体に張るので、全体にまんべんなく配置するとよい。

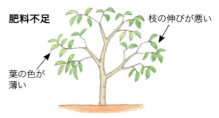

肥料不足 ─ 枝の伸びが悪い / 葉の色が薄い

葉の色が薄くなる（左）のは、肥料不足の可能性がある。年4回の施肥のほか、液体肥料を規定の濃度に希釈して、2週間に1回、5〜9月に施す（右）と葉の色を濃く維持しやすい。葉色が薄いのは、70ページの寒害や34ページの根詰まり、日光不足、水分不足などの可能性もある。

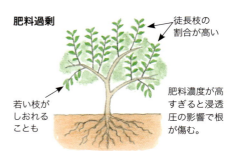

肥料過剰 ─ 徒長枝の割合が高い / 若い枝がしおれることも / 肥料濃度が高すぎると浸透圧の影響で根が傷む。

施す場所　庭植えの場合

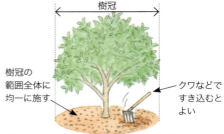

樹冠 / 樹冠の範囲全体に均一に施す / クワなどですき込むとよい

樹冠の範囲全体に施したら、クワなどを使ってすき込むと分解・吸収が促進され、水はけが改善される。

87

More info

三輪式 実つきが悪い場合の対処法

実つきが悪い場合には、まずは落果（花）した時期から以下のA～Cのどれに当てはまるか確認します。失敗の原因は1つとは限らないので、いろいろな可能性を想定します。

A

花が咲かない
花の数が少ない

不完全花（51ページ）が多い
直花（57ページ）が多い

- 冬から初春に葉が白くパリパリになった → ❶へ
- 剪定時にバッサリ切ったり枝先を深く切った → ❷へ
- 徒長枝が多い → ❷❼へ
- 前年にたくさん収穫できた → ❸へ
- 斑点や虫食いなどが発生して調子が悪い → ❹へ
- 水がしみ込みにくい、鉢底から根が出ている → ❺へ
- 葉の緑色が薄い → ❶❺❻❽❾へ
- 前年や今年の夏に葉が巻いたりしおれた → ❻へ
- 肥料は十分すぎるほどやっている → ❼へ
- 置き場や植えつけた場所の日当たりが悪い → ❾へ
- 植えつけから数年しかたっていない → ❿へ
- 開花期の天候が悪く、人工授粉もしなかった → ⓫へ

B

開花から2か月以内
（5～7月）に落果した
（一次生理落果）

- 冬から初春に葉が白くパリパリになった → ❶へ
- 剪定時にバッサリ切ったり枝先を深く切った → ❷へ
- 斑点や虫食いなどが発生して調子が悪い → ❹へ
- 水がしみ込みにくい、鉢底から根が出ている → ❺へ
- 葉の緑色が薄い → ❶❺❻❽❾へ
- 前年や今年の夏に葉が巻いたりしおれた → ❻へ
- 肥料は十分すぎるほどやっている → ❼へ
- 置き場や植えつけた場所の日当たりが悪い → ❾へ
- 植えつけから数年しかたっていない → ❿へ

C

収穫前（8～10月）に
落果した
（二次生理落果）

- 冬に斑点や虫食いなどが発生して調子が悪い → ❹へ
- 水がしみ込みにくい、鉢底から根が出ている → ❺へ
- 葉の緑色が薄い → ❶❺❻❽❾へ
- 前年や今年の夏に葉が巻いたりしおれた → ❻へ
- 肥料は十分すぎるほどやっている → ❼へ
- 置き場や植えつけた場所の日当たりが悪い → ❾へ
- 強風で枝ごと果実が落ちた → ⓬へ

もっとうまく育てるために

よく見られる失敗 1〜5位

第1位
❶ 冬の寒さで木が傷んだ（寒害）

防寒対策を見直しましょう。鉢植えは冬の置き場（71ページ）を再考し、庭植えは寒冷紗被覆（70〜71ページ）や鉢植えへの転換（70、19ページ）を検討します。

第2位
❷ 剪定で切りすぎた

樹高を低くするために1年で木を縮めすぎたり、枝の先端を深く切り詰めて、花芽がなくなった可能性があります（ともに36ページ）。

第3位
❸ 前年に果実をならせすぎた

手が届く範囲だけでもよいので、7〜9月に摘果（58ページ）をします。

第4位
❹ 病害虫やその他の障害が発生した

74〜83ページを参考にして、予防と対処をしましょう。

第5位
❺ 根詰まりや土づくりの失敗

根の生育が悪いです。鉢植えは植え替え（34ページ）して、庭植えは植えつけ完了後でも土づくり（20ページ）をします。

その他の失敗

❻ 水分不足で根が乾燥して木が傷んだ

水やり（85ページ）を見直しましょう。

❼ 肥料のやりすぎ

特にチッ素分を施しすぎると徒長枝が発生して花芽（42ページ）がつきにくいです。肥料の量を控えます（86ページ）。

❽ 肥料の不足

年間4回の施肥のほか、5〜9月には液体肥料も施しましょう（86ページ）。

❾ 日照不足

植えつけ場所（20ページ）や置き場（84ページ）を改善します。

❿ 結実するには木がまだ若すぎる

初結実まで苗木から3年以上、タネからだと9年程度（47ページ）かかることもあるので、適切な管理作業をして木の生育が落ち着くまで待ちましょう。

⓫ 受粉が失敗しタネができなかった

人工授粉（51ページ）をします。

⓬ 強風や果実の重みで落果した

剪定で長い枝だけを切り詰めて（43ページ）充実させ、折れにくくします。

知っておきたい レモン雑学

Trivia

歴史や国内外の生産状況など、栽培するうえで知っておきたいレモンの雑学を紹介します。

レモンの歴史

レモンの誕生

レモンを含む柑橘類は、柑橘類どうしで交配することによって新たな種類が誕生し、多様化してきました。最新のDNAレベルの研究[※1]によって、シトロン類、ミカン類（マンダリン）、ブンタン類の3つを基本種として、これらが何度も交配を繰り返して多様な柑橘類が誕生してきたと推測されています（下図）。それによると、レモンはシトロン類とサワーオレンジ類（ブンタン類とミカン類の交配種）の交配によって誕生したとされ、なかでもシトロン類の特徴を最も強く受け継いでいます。

シトロン類のシトロン（上）は、イタリアではチェドロという名前で販売され、国内では流通量が少ない。正月飾りなどで国内でも流通するブッシュカン（下：仏手柑）もシトロン類。どちらも果皮が厚く、果肉の酸味が強いので生食には不向き。

柑橘類の基本種とそれらの交配図
Wu（2018：※1）の図に修正を加えた

レモン類以外では、ラフレモンとヒメレモンはミカン類×シトロン類、シキキツはキンカン類×ミカン類、グレープフルーツはブンタン類×スイートオレンジ類の交配によって生まれたと推測されている。

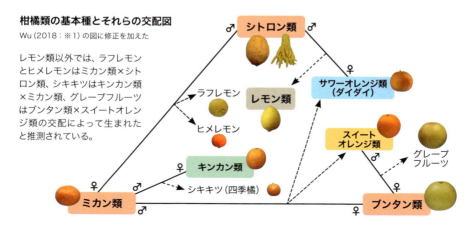

90

もっとうまく育てるために

レモンの原産地と日本への来歴

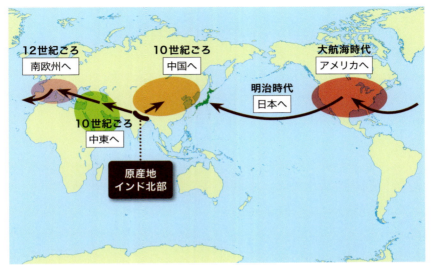

星川（1987：※2）の図に修正を加えた

原産地と日本への来歴

　90ページのような交配がいつ、どこで行われてレモンが誕生したのか、明らかになっていませんが、現段階ではインド北部のヒマラヤ山麓周辺で誕生し、紀元前から栽培されていたと推測されています。10世紀ごろに東は中国、西は中東諸国に交易によって伝わり、12世紀ごろにはアラブの商人によってスペインに持ち込まれて温暖で乾燥した地中海沿岸の気候風土に順応して、各地で栽培されたといわれています。

　その後、十字軍の遠征などのきっかけもあって、南ヨーロッパの各地に拡散しました。15世紀の大航海時代には、ビタミンC不足とそれによる壊血病の予防薬として船に常備され、海を渡ってアメリカ大陸に伝わります[2,3]。

　日本への正確な伝来時期は不明ですが、栽培らしい栽培がスタートしたのが、開国後の明治初期といわれています。1875年にオレンジやホップなどの苗木とともに、レモンの苗木がアメリカから導入されたという記録が残っています[4]。

参考文献
※1　Wu, G. A. *et al.* Genomics of the origin and evolution of Citrus, Nature vol.554, pp.311-328 (2018)
※2　星川清親．栽培植物の起原と伝播，二宮書店，pp.224-225（1987）
※3　Toby Sonneman. Lemon：A Global History, Reaktion Books, pp.3-94 (2012)
※4　梶浦一郎．日本果物史年表，養賢堂，pp.99（2008）

Trivia

世界のレモンの生産状況

世界の生産状況

　主な産地は、シトラスベルトと呼ばれる北緯35度〜南緯35度の範囲を中心に広く分布しています。世界の生産量の合計は約2,152万トンで、天候不順の年を除くと増加傾向にあります。トップは原産地のインドで世界シェア18%を誇ります。2位はメキシコで、中国、アルゼンチン、ブラジルと続きます。日本は107か国中、61位です。

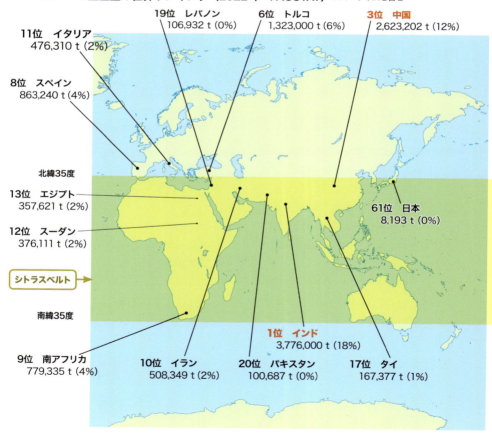

レモン[※1] の生産量の世界ランキング（2022年：FAOSTAT）　※1：ライムを含む

- 3位　中国　2,623,202 t (12%)
- 6位　トルコ　1,323,000 t (6%)
- 19位　レバノン　106,932 t (0%)
- 11位　イタリア　476,310 t (2%)
- 8位　スペイン　863,240 t (4%)
- 13位　エジプト　357,621 t (2%)
- 12位　スーダン　376,111 t (2%)
- 61位　日本　8,193 t (0%)
- 1位　インド　3,776,000 t (18%)
- 9位　南アフリカ　779,335 t (4%)
- 10位　イラン　508,349 t (2%)
- 20位　パキスタン　100,687 t (0%)
- 17位　タイ　167,377 t (1%)

北緯35度
南緯35度
シトラスベルト

※ FAOSTAT 2022年（https://www.fao.org/）のデータを集計し、地図上に表示した

もっとうまく育てるために

レモンの輸入先

日本における輸入先の1位はアメリカ（シェア51%）で、近年はチリやオーストラリアなどの夏に収穫できる南半球の国のシェアが増加しています。輸入量の合計約44,000トンに対して国内生産量は約8,200トンで、レモンの自給率は16%となり、食料全体の39%よりも低いというのが現状です。

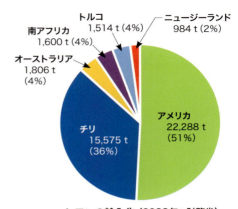

レモンの輸入先（2022年：財務省）
出典：令和4年財務省農林水産物品目別実績

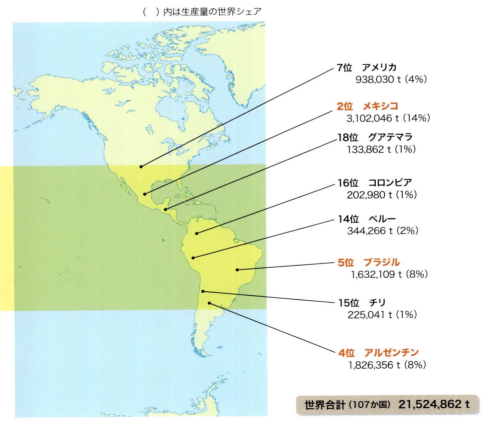

（　）内は生産量の世界シェア

7位　アメリカ
938,030 t（4%）

2位　メキシコ
3,102,046 t（14%）

18位　グアテマラ
133,862 t（1%）

16位　コロンビア
202,980 t（1%）

14位　ペルー
344,266 t（2%）

5位　ブラジル
1,632,109 t（8%）

15位　チリ
225,041 t（1%）

4位　アルゼンチン
1,826,356 t（8%）

世界合計（107か国）**21,524,862 t**

93

Trivia

国内のレモンの生産状況

国内生産量の推移

導入期からレモン自由化後の低迷期まで

明治時代ごろに国内に伝わったレモンは、大正から昭和初期に本格的な栽培が始まります。1960年代には収穫量が1,200トンを超えますが、1964年のレモン輸入自由化を機に安価な輸入レモンが大量に出回り、生産量は徐々に減少して低迷期を迎えます。

第一次レモンブーム（1980年代〜2000年代）

80年代になると、缶チューハイブームが到来し、レモン味のアルコール飲料が定着します。また、唐揚げにレモンを搾る習慣が広まるなど、生のレモン果実の料理分野での活用方法が多様化し始めます。健康志向の高まりと、農薬を使用しない国産果実の評価が高まり、生産量も再び増加し始めます。なお、1980〜2000年代と2000年代後半〜2020年代のレモン需要の高まりを筆者は第一次、第二次レモンブームと名づけて区別しています。

第二次レモンブーム（2000年代後半〜2020年代）

近年、再びレモンブームが到来しています。レモン味が国民に広く認知され、支持されるようになり、各食品メーカーからレモン関連の食品が続々と登場して、その種類は菓子類、スイーツ、清涼飲料、アルコール飲料など多岐にわたります。果実の国内生産量、輸入量についても、2000年代後半に急増しています。冬の寒波や夏の高温などの影響で収穫量が急減する年もありますが、栽培面積は増加傾向にあります。

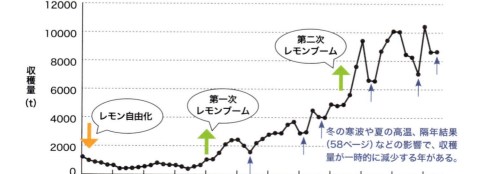

国産レモン果実の収穫量の推移（農水省）
出典：特産果樹生産動態等調査（農水省）

もっとうまく育てるために

国内収穫量と都道府県ごとの生産状況

　2021年における国内のレモン果実の収穫量の合計は8,660トンで、柑橘類のなかではウンシュウミカンの676,900トンに大きく後れを取っていますが、香りや酸味を楽しむ香酸柑橘類のなかでは、ユズの22,918トンに次いで2位で、以下、カボス5,977トン、スダチ4,104トンと続きます（令和3年特産果樹生産動態等調査：農水省）。

　都道府県別に見ると（下図）、国内トップの収穫量を誇るのが広島県（国内シェア51％）で、2位の愛媛県と3位の和歌山県のトップ3を合わせると、国内シェアは8割を超えます。地理的な見方をすると、主な産地はシトラスベルト（日本ではミカンベルトとも）の北緯35度以南に存在し、トップ5の産地はさらに温暖な近畿地方以西に限られているのがわかります。お住まいの居住地かその近県に下記の産地がない場合は、庭植え、畑植えなどの露地栽培には適していない可能性があります。適地以外では鉢植えにして、暖かい室内などで冬越しさせたほうが無難です（70〜71ページ参照）。

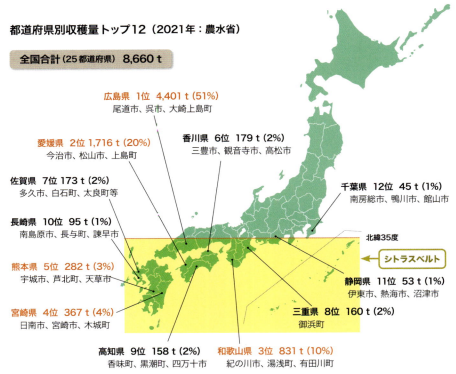

都道府県別収穫量トップ12（2021年：農水省）

全国合計（25都道府県）　8,660 t

広島県　1位　4,401 t（51%）
尾道市、呉市、大崎上島町

愛媛県　2位　1,716 t（20%）
今治市、松山市、上島町

香川県　6位　179 t（2%）
三豊市、観音寺市、高松市

佐賀県　7位　173 t（2%）
多久市、白石町、太良町等

千葉県　12位　45 t（1%）
南房総市、鴨川市、館山市

長崎県　10位　95 t（1%）
南島原市、長与町、諫早市

熊本県　5位　282 t（3%）
宇城市、芦北町、天草市

北緯35度

シトラスベルト

静岡県　11位　53 t（1%）
伊東市、熱海市、沼津市

宮崎県　4位　367 t（4%）
日南市、宮崎市、木城町

三重県　8位　160 t（2%）
御浜町

高知県　9位　158 t（2%）
香味町、黒潮町、四万十市

和歌山県　3位　831 t（10%）
紀の川市、湯浅町、有田川町

※令和3年特産果樹生産出荷実績調査（農水省）のデータを集計し、地図上に表示した
※北緯35度のラインは目安として示す

三輪正幸（みわ・まさゆき）

1981年岐阜県不破郡関ケ原町生まれ。博士（学術）。千葉大学環境健康フィールド科学センター助教。専門は果樹園芸学、昆虫利用学、農業デザイン学など。最近では果樹の受粉用も含めたミツバチの研究に取り組む。教育研究活動のほかには、テレビ・ラジオ出演や全国での講演活動を通して、家庭で果樹栽培を気軽に楽しむ方法を提案している。新婚旅行では、アマルフィやソレント、カプリ島などといったイタリア各地のレモン産地を訪ね歩いた。
『NHK趣味の園芸 12か月栽培ナビ⑥ かんきつ類』『NHK趣味の園芸 12か月栽培ナビ⑰ キウイフルーツ』（共にNHK出版）、『果樹栽培 実つきがよくなる「コツ」の科学』（講談社）、『小学館の図鑑NEO 野菜と果物』（小学館）、『剪定もよくわかる おいしい果樹の育て方』（池田書店）、『おいしく実る！ 果樹の育て方』（新星出版社）など、著書・監修書は30冊以上。

NHK趣味の園芸
12か月栽培ナビ㉑

レモン

2025年1月20日　第1刷発行

著　者	三輪正幸
	©2025 Miwa Masayuki
発行者	江口貴之
発行所	NHK出版
	〒150-0042
	東京都渋谷区宇田川町10-3
	TEL 0570-009-321（問い合わせ）
	0570-000-321（注文）
	ホームページ
	https://www.nhk-book.co.jp
印　刷	TOPPANクロレ
製　本	TOPPANクロレ

表紙デザイン
岡本一宣デザイン事務所

本文デザイン
山内迦津子、林 聖子
（山内浩史デザイン室）

表紙写真
向坂好生

本文撮影
三輪正幸、入江寿紀、田中由起子

イラスト
江口あけみ
タラジロウ（キャラクター）
アトリエプラン（版下）

校正
安藤幹江／髙橋尚樹

編集
向坂好生（NHK出版）

取材協力・写真提供
オレンジ村オートキャンプ場／
林 泰恵／岩楯友宏／向坂好生／
千葉大学環境健康フィールド科学センター／
三輪正幸

ISBN978-4-14-040310-5 C2361
Printed in Japan
乱丁・落丁本はお取り替えいたします。
定価はカバーに表示してあります。
本書の無断複写（コピー、スキャン、デジタル化など）は、
著作権法上の例外を除き、著作権侵害となります。